中等职业教育国家规划教材（修订版）

焊 接 检 验

（焊接专业）

第3版

主编　姚　佳　李荣雪
参编　邢永胜　耿　攀

机械工业出版社

本书是中等职业教育国家规划教材修订版，主要讲述焊接生产检验过程及各种无损检测方法的基本原理、检测过程及应用。全书共分五章，分别为焊接检验过程及质量控制、射线检测、超声波检测、磁粉检测、渗透检测。本书内容注意淡化理论，突出应用，贯彻现行国家标准。本书每章均附有复习思考题，以供读者复习使用。为便于学习，书中植入二维码，二维码链接有音频、视频、实验、习题答案等教学资源，通过扫码，即可获得所需要的内容。

本书可用作中等职业学校焊接技术应用专业教材，亦可供相关工程技术人员参考。

为方便教学，本书配备电子课件等教学资源。凡选用本书作为教材的教师均可登录机械工业出版社教育服务网 www.cmpedu.com 注册后免费下载。如有问题请致信 cmpgaozhi@ sina.com，或致电 010-88379375 联系营销人员。

图书在版编目（CIP）数据

焊接检验/姚佳，李荣雪主编．—3 版．—北京：机械工业出版社，2020.6（2025.2 重印）
中等职业教育国家规划教材：修订版
ISBN 978-7-111-65162-8

Ⅰ.①焊… Ⅱ.①姚… ②李… Ⅲ.①焊接-检验-中等专业学校-教材 Ⅳ.①TG441.7

中国版本图书馆 CIP 数据核字（2020）第 048599 号

机械工业出版社（北京市百万庄大街 22 号　邮政编码 100037）
策划编辑：齐志刚　责任编辑：齐志刚　张亚捷
责任校对：陈　越　封面设计：马精明
责任印制：单爱军
北京虎彩文化传播有限公司印刷
2025 年 2 月第 3 版第 8 次印刷
184mm×260mm · 8.75 印张 · 209 千字
标准书号：ISBN 978-7-111-65162-8
定价：29.00 元

电话服务　　　　　　　　　　网络服务
客服电话：010-88361066　　　机　工　官　网：www.cmpbook.com
　　　　　010-88379833　　　机　工　官　博：weibo.com/cmp1952
　　　　　010-68326294　　　金　　书　　网：www.golden-book.com
封底无防伪标均为盗版　　　　机工教育服务网：www.cmpedu.com

中等职业教育国家规划教材出版说明

　　为了贯彻"中共中央国务院关于深化教育改革全面推进素质教育的决定"精神，落实"面向21世纪教育振兴行动计划"中提出的职业教育课程改革和教材建设规划，根据教育部关于"中等职业教育国家规划教材申报、立项及管理意见"（教职成［2001］1号）的精神，我们组织力量对实现中等职业教育培养目标和保证基本教学规格起保障作用的德育课程、文化基础课程、专业技术基础课程和80个重点建设专业主干课程的教材进行了规划和编写，从2001年秋季开学起，国家规划教材将陆续提供给各类中等职业学校选用。

　　国家规划教材是根据教育部最新颁布的德育课程、文化基础课程、专业技术基础课程和80个重点建设专业主干课程的教学大纲（课程教学基本要求）编写，并经全国中等职业教育教材审定委员会审定。新教材全面贯彻素质教育思想，从社会发展对高素质劳动者和中初级专门人才需要的实际出发，注重对学生的创新精神和实践能力的培养。新教材在理论体系、组织结构和阐述方法等方面均做了一些新的尝试。新教材实行一纲多本，努力为教材选用提供比较和选择，满足不同学制、不同专业和不同办学条件的教学需要。

　　希望各地、各部门积极推广和选用国家规划教材，并在使用过程中，注意总结经验，及时提出修改意见和建议，使之不断完善和提高。

教育部职业教育与成人教育司

第 3 版前言

本书为中等职业教育国家规划教材修订版，自第 1、2 版出版以来，深受中等职业教育院校的欢迎和认可。虽然本书经过多年的反复教学实践，以及第 1 次的修订，已基本适应了大部分职业院校的焊接专业教学，但是随着焊接检测技术的不断发展、教学改革的不断深入，对教材提出了越来越高的要求，因此，编者根据多年的教学实践和体会，对本书进行了第 2 次修订。

本书第 2 次修订深入贯彻"二十大精神"人教材的要求，以党的二十大报告中"办好人民满意的教育""全面贯彻党的教育方针，落实立德树人根本任务，培养德智体美劳全面发展的社会主义建设者和接班人"的精神为指引，依据高等职业教育培养素质高、专业技术全面的高技能人才的培养目标，充分融"知识学习、技能提升、素质培育"于一体，严格落实立德树人的根本任务。

本次修订着重体现职业教育特色，力求使本书具有更好的适用性。本次修订，在原结构保持不变的基础上，对部分内容进行了更新和增补，主要修订的内容如下：

1）针对职业教育的特点和需求，新增了部分图表，使内容更加通俗易懂，便于理解。

2）对部分章节进行调整和删减，对内容和文字进行更深入的推敲和修改，使结构和论述更加简洁明了。

3）更新了焊接检验的国家标准。

4）适当增加了课后练习题，以满足当前中等职业学校的教学要求。

5）为便于学习，书中植入二维码，二维码链接有音频、视频、实验、习题答案等教学资源，通过扫码，即可获得所需要的内容。

本次修订主要由北京电子科技职业学院姚佳和李荣雪完成，其中，姚佳负责第一、二、三章内容的修订，李荣雪负责全书的统稿，耿攀负责第四章内容的修订，邢永胜负责第五章内容的修订。由于本书是在第 2 版的基础上修订的，书中凝聚了上版编者们的心血与智慧，在此谨向他们致以衷心的感谢。

由于编者水平有限，本书难免存在不足与错误之处，还望广大读者给予批评指正。

编 者

第 2 版前言

本书是根据近年来中等职业学校教学改革的需要，在总结多年来原教材的使用情况，广泛征求各中等职业学校意见的基础上，为更能体现职业教育特色和更能适应中等职业学校学生特点而进行修订的。

本次修订在内容上进行了更新、删减和增补，原结构保持不变。采用最新国家标准、删除理论过深的部分、适当增加例题，是本次修订的主要特点。目的是能尽量满足当前中等职业学校教学改革与发展的需要，使本书能满足中等职业学校的教学要求。

本书编写分工为：渤海船舶职业学院邢永胜编写第五章，李荣雪编写其余部分并负责全书的统稿工作。

由于编者水平所限，书中难免存在错误和不妥之处，希望广大读者指正。

编 者

第1版前言

本书是根据2001年8月国家教育部颁布的中等职业学校"焊接检验"课程教学大纲编写的，适用于三年制，工程技术类焊接专业使用。

本书简单介绍焊接缺陷的特征与危害，焊前、焊接过程及焊后质量检验的主要内容及检验方法；重点介绍射线探伤、超声波探伤、磁粉探伤及渗透探伤的基本原理、探伤过程及应用。

根据本专业的培养目标和中专生的年龄特点，本着"了解理论，突出实践"为中心的教学思想，在编写过程中力求淡化理论，突出实践，充分体现职教特色。全书以讲述无损探伤为重点，书中大部分图表直接引自最新国家标准，在工程实践中可直接选用。本书每章后附有复习思考题，以供复习之用。

本书由北京市机械工业学校李荣雪主编，渤海船舶职业学院邓洪军审阅。河北省机电学校赵强编写第四章和第五章，李荣雪编写其余部分并负责全书的统稿工作。

本书在编写过程中参考了高等学校、职业技术学院和中等职业学校的同类教材、无损探伤人员培训教材及其他相关工具书。除上述参编学校外，还有渤海船舶职业学院、广西机电职业技术学院、浙江机电职业技术学院、沈阳市机电工业学校和山西省机械工业学校的有关专家与教师参加了审阅工作，在此一并表示感谢。

本套焊接技术应用专业教材由教育部职业教育与成人教育司聘请燕山大学崔占全教授担任责任主审，崔占全教授、赵品副教授对本书进行了严格审定，在此表示衷心感谢。

由于编者水平有限，书中一定会存在疏漏和不足之处，诚请使用本书的教师和读者批评指正。

编　者

二维码索引

序号	标题	图形	页码	序号	标题	图形	页码
1	各种无损检测方法的能力范围和局限性		2	7	测量角焊缝厚度		21
2	检验尺结构		19	8	第一章 习题答案		25
3	测量余高		20	9	射线检测原理		28
4	测量熔宽		20	10	实验一 任务书		30
5	测量咬边		21	11	实验一 指导书		44
6	测量焊脚		21	12	实验一 实验报告		44

(续)

序号	标题	图形	页码	序号	标题	图形	页码
13	实验一 评价表		52	20	实验二 指导书		86
14	第二章 习题答案		54	21	实验二 实验报告		86
15	超声波检测原理		60	22	实验二 评价表		89
16	实验二 任务书		73	23	第三章 习题答案		91
17	斜探头入射点测定		77	24	磁粉检测的优缺点		92
18	斜探头 K 值测定		77	25	实验三 任务书		101
19	DAC 曲线制作		79	26	实验三 指导书		104

(续)

序号	标题	图形	页码	序号	标题	图形	页码
27	实验三 实验报告		104	32	实验四 指导书		119
28	实验三 评价表		105	33	实验四 实验报告		119
29	第四章 习题答案		107	34	实验四 评价表		121
30	渗透检测的优缺点		109	35	第五章 习题答案		124
31	实验四 任务书		116				

Ⅸ

目　　录

中等职业教育国家规划教材出版说明
第3版前言
第2版前言
第1版前言
二维码索引
绪论 ·· 1
　一、焊接检验的地位和作用 ······················ 1
　二、焊接检验的内容及分类 ······················ 1
　三、焊接检验的基础工作 ························· 2
　四、焊接检验应树立的观点 ······················ 3
　五、本课程的教学目的与主要内容 ············ 3
复习思考题 ··· 4
第一章　焊接检验过程及质量控制 ············ 5
第一节　焊接检验 ······································· 5
　一、焊接检验的内容、步骤与依据 ············ 5
　二、焊接缺陷 ··· 5
　三、焊接缺陷的影响因素 ······················· 10
　四、常用焊接结构（件）及其焊缝质量
　　　等级 ··· 10
第二节　焊前的质量控制 ··························· 11
　一、金属材料的质量检验 ······················· 11
　二、焊接材料的检验 ····························· 12
　三、焊件备料的检验 ····························· 12
　四、焊件装配质量的检验 ······················· 13
　五、焊接的其他工作检查 ······················· 14
第三节　焊接过程中的质量控制 ·················· 15
　一、焊接环境的检查 ····························· 15
　二、焊接规范执行情况的检查 ················· 15
　三、预热的检查 ···································· 16
　四、焊接后热的检查 ····························· 16
　五、产品试板的质量控制 ······················· 16
第四节　焊接结构成品检验 ························ 17
　一、焊接结构几何尺寸的检验 ················· 17
　二、焊缝外观检验 ································ 18
　三、致密性试验和压力试验 ···················· 22

复习思考题 ··· 24
第二章　射线检测 ··································· 26
第一节　射线的产生、性质及衰减 ·············· 26
　一、X射线的产生及性质 ······················· 26
　二、γ射线的产生及性质 ························ 27
　三、射线的衰减 ···································· 27
第二节　射线检测方法及原理 ····················· 28
　一、射线照相法 ···································· 28
　二、射线荧光屏观察法 ·························· 28
　三、射线电离法 ···································· 29
　四、射线实时成像检验 ·························· 30
第三节　射线照相法检验 ··························· 30
　一、射线照相法检验的特点 ···················· 30
　二、射线照相法检验系统的组成 ············· 31
　三、射线照相法检验条件的选择 ············· 35
　四、焊缝透照工艺 ································ 41
　五、胶片的暗室处理 ····························· 43
第四节　焊缝射线底片的评定 ····················· 44
　一、底片质量的评定 ····························· 44
　二、底片上缺陷影像的识别 ···················· 45
　三、缺陷的定量测定 ····························· 46
　四、焊缝质量的评定 ····························· 47
　五、检验记录与报告 ····························· 49
　六、焊缝射线检验的一般程序 ················· 50
　七、典型焊接产品射线检验实例 ············· 50
第五节　射线的安全防护 ··························· 51
　一、射线对人体的危害 ·························· 51
　二、射线的防护方法 ····························· 51
　三、透照现场的安全 ····························· 52
复习思考题 ··· 53
第三章　超声波检测 ································ 55
第一节　超声波的产生、性质及衰减 ··········· 55
　一、超声波的产生与接收 ······················· 55
　二、超声波的性质 ································ 56
　三、超声波的衰减 ································ 59

目　录

第二节　超声波检测设备简介 ………… 60
　一、超声波探头 …………………… 60
　二、超声波检测仪 ………………… 63
　三、试块 …………………………… 68
第三节　超声波检测原理及应用 ………… 70
　一、直接接触法 …………………… 70
　二、液浸法 ………………………… 72
第四节　直接接触法超声波检测 ………… 73
　一、直接接触法超声检测工艺 …… 73
　二、对接焊缝超声检测操作步骤 …… 79
　三、缺陷定位与缺陷性质估判 …… 83
　四、焊缝质量等级评定 …………… 86
　五、记录与报告 …………………… 87
　六、焊缝超声波检测的一般程序 …… 88
复习思考题 ………………………………… 90

第四章　磁粉检测 ……………………… 92
第一节　磁粉检测原理与影响漏磁场的因素 ………………………………… 92
　一、磁粉检测原理 ………………… 92
　二、影响漏磁场的因素 …………… 93
第二节　工件磁化方法 …………………… 94
　一、磁化方法的分类 ……………… 94
　二、磁粉检测机 …………………… 96
　三、磁化方法的选择 ……………… 97
　四、磁化规范的选择 ……………… 98
第三节　磁粉及磁悬液 …………………… 99
　一、磁粉 …………………………… 99
　二、磁悬液 ………………………… 100

第四节　磁粉检测过程 …………………… 101
　一、焊缝磁粉检测的一般工艺过程 …… 101
　二、磁粉检测报告及验收标准 …… 104
复习思考题 ………………………………… 105

第五章　渗透检测 ……………………… 108
第一节　渗透检测原理、方法、分类及应用 ………………………………… 108
　一、润湿现象与毛细管现象及其在渗透检测中的应用 ………… 108
　二、渗透检测原理 ………………… 109
　三、渗透检测方法分类 …………… 110
第二节　渗透检测剂与对比试块 ………… 112
　一、渗透剂 ………………………… 112
　二、乳化剂 ………………………… 113
　三、清洗剂 ………………………… 114
　四、显像剂 ………………………… 114
　五、常用渗透检测剂系统 ………… 115
　六、渗透检测对环境的污染与控制 …… 115
　七、试块 …………………………… 115
第三节　渗透检测工艺卡与操作步骤 …… 116
　一、渗透检测工艺卡 ……………… 116
　二、渗透检测操作步骤 …………… 117
第四节　缺陷的判别、分级与检测报告 …… 119
　一、缺陷的判别 …………………… 119
　二、缺陷的分级与验收标准 ……… 119
　三、检测报告 ……………………… 120
复习思考题 ………………………………… 121

参考文献 ………………………………… 125

绪 论

"焊接检验"是中等职业学校焊接专业的一门专业课。它的任务是使学生掌握中、初级专门人才所必需的焊接检验的基本知识和基本技能。为达到这一目标，本课程主要讲述焊接结构生产过程中的质量控制与检验的内容、检验方法、所用仪器设备及有关的质量标准。

一、焊接检验的地位和作用

随着焊接技术的发展，焊接加工在工业生产、交通运输、建筑结构等许多领域得到了广泛应用。焊接结构（如压力容器、航空航天器、原子能工程等）的工作条件日益苛刻，因此确保焊接结构的高质量是至关重要的；否则，运行中出现事故必将造成惨重的损失。诚然，新的焊接方法、焊接工艺和焊接材料的应用，已能在很大程度上保证其产品质量，但由于焊接接头性能的不均匀性、应力分布的复杂性以及制造过程中难以做到绝对不产生焊接缺陷等原因，对生产出的产品，必须在生产的不同环节和不同阶段，遵循一定的管理程序和管理制度，并采用各种检测手段进行检测，以确保产品质量。

焊接检验在焊接结构生产中占有重要地位，其作用主要表现在以下三个方面。

（1）确保焊接结构的制造质量 通过焊接检验可以控制各生产阶段产生的焊接缺陷，减少废品产生，避免不合格产品出厂。

（2）降低产品成本 焊接检验贯穿于焊接生产的全过程，这就能够避免出现产品最后报废的现象，大大减少了原材料和工时的浪费，以及因拖延工期而带来的经济损失，从而带来显著的社会效益和经济效益。

（3）促使焊接技术的广泛应用 由于有焊接检验的可靠保证，焊接技术的应用会更加广泛。

二、焊接检验的内容及分类

1. 焊接检验的主要内容

焊接检验是指对焊接结构（件）及其生产过程的检验，其检验内容不但包括对焊缝或焊接接头的质量检验，而且包括对制造该产品的原材料、参与制造的人员、采用的设备、制订的工艺方法和生产环境等的检验，以及对焊接产品整体结构与性能的检验。

2. 焊接检验的分类

焊接检验包括对焊接结构生产过程的检验和对焊接接头的检验。

焊接检验方法很多，一般按下述方法分类。

（1）按检验数量分类

1）抽检。在焊接质量比较稳定的情况下，例如自动焊、氩弧焊等，当工艺参数调整好之后，在焊接过程中质量变化不大、比较稳定时，可以对焊接接头质量进行抽检。抽检的数量用百分比表示，可根据相关标准或产品要求确定。

2）全检。对所有焊缝或产品进行100%检查。

（2）按检验方法分类

1）破坏性检验。

① 力学性能试验,包括拉伸试验、硬度试验、弯曲试验和冲击试验等。
② 化学分析试验,包括化学成分分析、腐蚀试验等。
③ 金相检验,包括宏观检验、微观检验等。
2) 非破坏性检验。
① 外观检验,包括尺寸检验、几何形状检验等。
② 压力试验,包括水压试验和气压试验等。
③ 密封性试验,包括气密性试验、载水试验、氨渗透试验、沉水试验和煤油试验等。
3) 无损检验。无损检验包括射线检测、超声波检测、磁粉检测、渗透检测等。表 0-1 列出了四种常用无损检验方法的特点与应用。表 0-2 列出了各种无损检验方法所要求的条件。

表 0-1 四种常用无损检验方法的特点与应用

无损检验方法	特点	应用
射线检测	直观性强、准确度高、可靠性好,且底片可长期保存;但设备较复杂、成本较高、并需要严密防护	金属与非金属材料的内部缺陷。例如,焊缝中的气孔、裂纹、夹渣等
超声波检测	灵敏度高、设备轻巧、操作方便、检测速度快、成本低且对人无害;但无法对缺陷进行准确定性与准确定量	金属与部分非金属材料的内部缺陷。例如,焊缝中的气孔、裂纹、夹渣等
磁粉检测	成本低、操作灵活、结果可靠	铁磁性材料(碳钢、普通低合金钢等)表面或近表面缺陷。例如,坡口表面裂纹,焊缝表面与近表面裂纹、气孔、夹渣等
渗透检测	设备简单、操作容易、成本低、缺陷显示直观;但检测剂有毒,操作时需要采取防护措施	金属与非金属材料表面开口缺陷

表 0-2 各种无损检验方法所要求的条件

无损检验方法	无损检验空间位置的要求	探测表面的要求	探测部位背面的要求
射线检测	需要较大的空间位置,以满足射线机头的位置要求和调整焦距操作	表面不需机械加工,只需清除影响显示缺陷的污物,并有放置铅字码、铅箭头和透度计的位置	能放置暗盒
超声波检测	对空间位置要求较小,只需留有放置探头和探头移动的空间即可	尽可能做表面加工,以利于声波耦合,并有探头移动的表面范围	反射法时,背面要求具有良好的反射面
磁粉检测	要有在磁化检测部位撒放磁粉、观察缺陷的空间位置	清除影响磁粉聚积的氧化皮等污物,并有探头工作的位置	无
渗透检测	要有涂布检测剂和观察缺陷的空间	要求清除表面污物	若采用煤油探伤,背面要有涂煤油的空间,并清除阻碍煤油渗透的污物

各种无损检测方法的能力范围和局限性

三、焊接检验的基础工作

为了用全面质量管理的办法搞好焊接检验,必须做好以下几方面的基础工作。

(1) 质量教育工作 焊接生产检验的目的是保证产品质量,当企业的技术条件一定时,其产品质量取决于该企业人员的技术和业务素质,因此企业应定期对各级各类人员进行技术培训和质量管理知识教育。

(2) 标准化工作 标准是衡量事物的准则,这里是指以文字形式表达的一种技术文件，包括技术标准和管理标准。一方面，标准是衡量产品质量及各项工作的尺度；另一方面，标准又是企业进行生产、技术管理、质量管理和检验工作的依据。

（3）计量工作　焊接产品在其生产和检验过程中涉及许多计量工作，要对检验结果进行计量，使用各种计量器具和仪器设备是正确定量、确定产品是否符合其各项要求的手段和标准，因此做好计量工作也是一项基础性工作。

（4）质量情报工作　指反映产品质量、工序质量的原始记录以及产品使用过程中反映出来的各种信息，它是改进产品质量、认识产品规律性的途径和资料来源。

（5）质量责任制　建立质量责任制就是对企业的每个部门、每个员工都明确规定在质量控制和检验工作中的具体任务、责任与权限。

四、焊接检验应树立的观点

焊接检验应贯穿于产品生产的全过程，从全面质量管理出发，必须树立以下三个基本观点。

（1）下道工序是用户、工作对象是用户、用户第一　这就要求把对用户高度负责的精神渗透到生产的全过程，把各工序之间、各部门之间和各工作对象之间都看作是下道工序，形成一个上道工序保下道工序、道道工序保成品、一切为用户的局面。

（2）预防为主、防检结合　焊接结构的优良质量主要依靠设计和制造，而不是依靠检验。因此应在产品的设计和制造阶段采取措施来保证其质量，首先设计应先进和合理，制造过程中对人员、原材料、机器设备、工艺方法和环境等影响工序质量的因素加以控制，发现问题及时解决，而不是待产品完成之后再去评价和补救，这就是预防为主的管理，也就是预防第一。但检验工作并不能因此而放松，检验工作是全面质量管理中一个不可缺少的组成部分，预防与检验要相辅相成，在不同的生产阶段对产品质量共同把关。

（3）检验是企业每个员工的本职工作　产品质量是由企业每个员工的工作质量决定的，因此要求每个职工都要有根据、有程序、有效率地工作并达到工作质量标准，以良好的工作质量来保证产品的高质量。

五、本课程的教学目的与主要内容

1. 本课程的教学目的

通过本课程学习，学生了解焊接检验在保证和提高焊接产品质量中的地位和作用；理解焊接生产过程中所需检验的内容、检验的方法，并能正确选择这些检验方法；对常用的无损检验方法能理解其原理，了解其使用范围、操作规程及检验标准。在能力上达到能正确选择和使用常用检验仪器和工具；能对检验结果进行简单判断，并填写检验报告。

2. 本课程的主要内容

保证产品质量是焊接生产的基本要求，进行生产检验则是达到这种要求的手段。焊接检验不只是对焊接结构成品的检验，而是应贯穿在整个产品生产过程中，因此焊接检验的主要内容：一是焊前检验，主要是制造产品的金属材料与焊接材料，零部件的下料、成形与装配，焊工资格检查等；二是焊接过程中的检验，主要是焊接时的环境及焊接参数的监控，焊接预热与后热的监控等；三是焊后检验，虽然焊前及焊接过程中的检验与监控对产品质量的保证起着重要作用，但由于焊接应力与变形、焊缝缺陷等产生的可能性很大，因此焊后检验是必不可少的，其中包括对焊接结构成品的几何尺寸检查、强度检验以及焊缝的外观检查，采用射线探伤、超声波探伤、磁粉探伤和渗透探伤等无损检验手段，对焊缝及近缝区表面缺陷和内部缺陷进行检验。

　　了解这些无损检验方法的基本原理，能正确选择和使用检验方法、检验仪器和工具，按操作规程进行简单工件的探伤操作，并能依据有关标准判断焊缝质量，是本课程的主要内容和重点。

　　在学习本课程过程中，除理论教学外，还应配合一些实验，以加深学生对理论知识的理解，同时还能使学生的实际动手能力得到锻炼与增强。

复习思考题

1. 焊接检验在生产中有何重要意义？
2. 焊接检验的基础工作包括哪些内容？
3. 为搞好焊接检验工作，应树立怎样的观点？

第一章 焊接检验过程及质量控制

焊接检验贯穿于焊接生产的全过程，但各个生产环节要检验的内容却是不一样的。本章将重点介绍各生产环节应检验的内容、检验的方法及检验的标准。

第一节 焊 接 检 验

一、焊接检验的内容、步骤与依据

1. 焊接检验的内容

焊接检验是指对焊接结构（件）及其生产过程的检验。其检验内容不但包括对焊缝或焊接接头的质量检验，而且包括对制造该产品的原材料、参与制造的人员、采用的设备、制订的工艺方法和生产环境等的检验，以及对焊接产品整体结构与性能的检验。

2. 焊接检验的步骤

焊接质量检验是一个细致的过程，一般包括以下步骤。

（1）明确质量要求　根据焊接技术标准和生产工艺的考核指标，确定检验项目和各项目的质量标准，确定检验员的职责，并使检验员熟悉检验项目。

（2）进行项目检测　选用一定检验方法和手段，测试被检验的对象或产品，得到数据或结果。

（3）评定检验结果　将检测得到的结果与质量要求进行比较，确定检验对象或产品的级别，判断其合格与否。

（4）报告检验结果　检验对象或产品无论是否合格，都必须用书面或标记的形式做出结论。

3. 焊接检验的依据

焊接检验的主要依据是产品的施工图样、技术标准、检验文件和定货合同。

二、焊接缺陷

1. 焊接缺陷的危害

焊接缺陷是指焊接过程中在焊接接头处发生的金属不连续、不致密或连接不良的现象。

焊接结构（件）中一般都存在缺陷，缺陷的存在将影响焊接接头的质量。例如气孔首先影响焊缝的致密性，其次减小焊缝的有效面积，显著降低焊缝的强度和韧性；而裂纹的危害比气孔更为严重，因为裂纹两端的缺口效应会造成严重的应力集中，很容易引起裂纹扩展，形成宏观裂纹或整体断裂。因此，焊接缺陷的存在将直接影响到焊接结构的安全使用。但是，要获得无缺陷的焊接接头在技术上是相当困难的，也是不经济的。焊接缺陷的种类很多，各类缺陷的形态不同，对接头质量的影响也不相同。因此，根据焊接结构（件）使用的场合不同，对其质量要求也不一样，有些结构（件）的焊接接头中允许有一定数量和一定尺寸的缺陷存在，而有些重要结构（件）则不允许存在任何缺陷。

评定焊接接头质量优劣的依据是缺陷的种类、大小、数量、形态、分布及危害程度。焊接接头中的缺陷，有的可通过补焊来修复，或者铲除焊道后重新焊接，有的直接作为判废的依据。

2. 焊接缺陷的分类

焊接缺陷的种类很多，有熔焊产生的缺陷，也有压焊、钎焊产生的缺陷。焊接缺陷的分类方法也很多，按广义分类，焊接缺陷基本上可归纳为以下三类。

(1) 尺寸上的缺陷　焊接结构的整体尺寸误差和焊缝形状尺寸不符合要求等。

(2) 结构上的缺陷　气孔、夹渣、非金属夹杂物、未熔合、未焊透、咬边、裂纹、表面缺陷等。

(3) 性质上的缺陷　力学性能和化学成分不能满足使用要求。

GB/T6417.1—2005《金属熔化焊接头缺欠分类及说明》将焊接缺欠分为以下六类：

第一类裂纹。

第二类孔穴。

第三类固体夹杂。

第四类未熔合及未焊透。

第五类形状和尺寸不良。

第六类其他缺欠。

焊接缺欠的分类及代号见表1-1。

表1-1　焊接缺欠的分类及代号

大类	代号	小类	代号	分布位置（或形态特征）及代号
裂纹	100	纵向裂纹	101	焊缝金属　1011 熔合线　1012 热影响区　1013 母材　1014
		横向裂纹	102	焊缝金属　1021 热影响区　1023 母材　1024
		放射状裂纹	103	焊缝金属　1031 热影响区　1033 母材　1034
		弧坑裂纹	104	纵向的　1045 横向的　1046 放射状的（星形裂纹）　1047
		间断裂纹群	105	焊缝金属　1051 热影响区　1053 母材　1054
		枝状裂纹	106	焊缝金属　1061 热影响区　1063 母材　1064

(续)

大类	代号	小类	代号	分布位置（或形态特征）及代号
孔穴	200	气孔	201	球形气孔　2011 均布气孔　2012 局部密集气孔　2013 链状气孔　2014 条形气孔　2015 虫形气孔　2016 表面气孔　2017
		缩孔	202	结晶缩孔　2021 弧坑缩孔　2024 末端弧坑缩孔　2025
		微型缩孔	203	微型结晶缩孔　2031 微型穿晶缩孔　2032
固体夹杂	300	夹渣	301	线状的　3011 孤立的　3012 成簇的　3014
		焊剂夹渣	302	线状的　3021 孤立的　3022 成簇的　3024
		氧化物夹杂	303	线状的　3031 孤立的　3032 成簇的　3033
		皱褶	3034	
		金属夹杂	304	钨　3041 铜　3042 其他金属　3043
未熔合及未焊透	400	未熔合	401	侧壁未熔合　4011 焊道间未熔合　4012 根部未熔合　4013
		未焊透	402	根部未焊透　4021
		钉尖	403	
形状和尺寸不良	500	咬边	501	连续咬边　5011 间断咬边　5012 缩沟　5013 焊道间咬边　5014 局部交错咬边　5015
		焊缝超高	502	
		凸度过大	503	
		下塌	504	局部下塌　5041 连续下塌　5042 熔穿　5043
		焊缝形面不良	505	
		焊瘤	506	焊趾焊瘤　5061 根部焊瘤　5062

（续）

大　类	代号	小　类	代号	分布位置（或形态特征）及代号
形状和尺寸不良	500	错边	507	板材错边　5071 管材错边　5072
		角度偏差	508	
		下垂	509	水平下垂　5091 在平面位置或过热位置下垂　5092 角焊缝下垂　5093 焊缝边缘熔化下垂　5094
		烧穿	510	
		未焊满	511	
		焊脚不对称	512	
		焊缝宽度不齐	513	
		表面不规则	514	
		根部收缩	515	
		根部气孔	516	
		焊缝接头不良	517	盖面焊道　5171 打底焊道　5172
		变形过大	520	
		焊缝尺寸不正确	521	焊缝厚度过大　5211 焊缝宽度过大　5212 焊缝有效厚度不足　5213 焊缝有效厚度过大　5214
其他缺欠	600	电弧擦伤	601	
		飞溅	602	钨飞溅　6021
		表面撕裂	603	
		磨痕	604	
		凿痕	605	
		打磨过量	606	
		定位焊缺欠	607	焊道破裂或未熔合　6071 定位未达到要求就施焊　6072
		双面焊道错开	608	
		回火色（可观察到氧化膜）	610	
		表面鳞片	613	
		焊剂残留物	614	
		残渣	615	
		角焊缝的根部间隙不良	617	
		膨胀	618	

3. 焊接缺陷的特征及分布

表面焊接缺陷可以直接观察到；而焊缝的内部缺陷是看不到的，只有用无损探伤的方法才可以发现。因此，了解焊接缺陷的特征及分布规律是检查和判断焊接缺陷性质和种类的基础。

(1) 焊缝形状和尺寸不符合要求　焊缝表面高低不平和波纹粗糙、焊缝宽度不均、余高过高或过低、角焊缝焊脚尺寸不均等都属于焊缝形状和尺寸不符合要求。这些缺陷不但使焊缝成形不美观，而且容易造成应力集中，影响接头的强度。

(2) 焊接裂纹的特征及分布　焊接裂纹具有尖锐的缺口和长宽比大的特点，是焊接结构中最危险的缺陷。

1) 按裂纹的外观形态和产生的部位来分，各种裂纹的特征和分布见表1-2。

表1-2　按外观形态划分的裂纹特征和分布

名　称	特　征	分　布
横向裂纹	裂纹长度方向与焊缝轴线相垂直	焊缝、热影响区和母材中
纵向裂纹	裂纹长度方向与焊缝轴线相平行	
弧坑裂纹	形态有横向、纵向或星状	焊缝收弧弧坑处

2) 按裂纹产生的温度范围来分，各种裂纹的特征和分布见表1-3。

表1-3　按温度范围划分的裂纹特征和分布

名　称	特　征	分　布
热裂纹	发生在晶界处，形成温度较高，与空气接触的开口表面呈深蓝色或天蓝色	焊缝表面或内部
冷裂纹	在较低温度下形成，表面光亮	热影响区

(3) 气孔的特征及分布　气孔是指焊接时，熔池中的气泡在金属凝固时未能逸出而残留下来所形成的空穴。气孔可分为密集气孔、条虫状气孔和针状气孔等。焊缝中的气孔主要有氢气孔、氮气孔和一氧化碳气孔。气孔有时单个出现，有时成堆地聚集在局部区域。气孔的特征及分布见表1-4。

表1-4　气孔的特征及分布

名　称	特　征	分　布
氢气孔	断面形状多为螺纹形，从焊缝表面上看呈圆喇叭形，内壁光滑	出现在焊缝表面上
氮气孔	与蜂窝相似，常成堆出现	出现在焊缝表面上
一氧化碳气孔	表面光滑，条虫状	出现在焊缝内部，沿结晶方向分布

(4) 夹渣　夹渣是指焊后残留在焊缝中的焊渣。其形状有线状、长条状、颗粒状及其他形状等。主要发生在坡口边缘和每层焊道之间非圆滑过渡的部位，在焊道形状发生突变或存在深沟的部位也容易产生夹渣。

(5) 未熔合和未焊透　未熔合主要发生在坡口的侧壁、多层焊的层间及焊缝的根部；未焊透常出现在单面焊的坡口根部及双面焊的坡口钝边。

三、焊接缺陷的影响因素

了解影响产生焊接缺陷的有关因素，对检验时判断缺陷有重要作用。焊接工艺方法对焊接缺陷的产生有很大关系，见表1-5和表1-6。

表1-5 焊接工艺方法的重要因素与焊接缺陷的关系

工艺条件	夹渣	未熔合	未焊透	咬边	变形	气孔	裂纹
焊接方法	◇	◇	◇	◇	◇	◇	◇
焊接材料	△	△	△	◇		☆	☆
施焊位置	☆	☆	☆	◇	◇	△	◇
接头形式	☆	☆	☆	☆	☆	☆	☆
焊接结构				◇	☆		
定位焊	◇	◇	◇	◇	☆	◇	◇
焊工培训	◇	◇	◇	◇	◇	◇	◇

注：☆—表示有很大关系，◇—表示有一定关系，△—表示关系一般。

表1-6 焊接工艺方法的次要因素与焊接缺陷的关系

施焊工艺	夹渣	未熔合	未焊透	咬边	变形	气孔	裂纹
焊缝坡口形式	☆	☆	☆	◇	◇		◇
坡口清理情况						☆	☆
中间焊道形状	☆	☆					
焊缝除渣情况	☆						
焊前预热情况	△	△	△			◇	☆
焊接电流大小			◇	☆		☆	
焊接电弧长度				◇		☆	△
焊条运条角度	◇	◇	◇	☆			
焊条运条方式						△	
焊缝熔敷方式	△	△	△	△			
施焊位置							
环境风力						◇	◇

注：☆—表示有很大关系，◇—表示有一定关系，△—表示关系一般。

四、常用焊接结构（件）及其焊缝质量等级

焊接结构（件）被广泛应用于核工业、航空航天、石油、化工、汽车、船舶、桥梁等各个领域，其种类繁多。由于焊接结构（件）使用的环境、条件不同，因此对其质量的要求也不相同。根据焊缝射线探伤时所要达到的质量等级，将焊接结构（件）进行分类。常用焊接结构（件）的类型及其质量等级见表1-7。

表1-7 常用焊接结构（件）的类型及其质量等级

焊接结构（件）类型	检 验 方 法	焊缝质量等级
核容器、航空航天器件、化工设备中的重要构件等	1）外观检验 2）射线探伤 3）压力试验	Ⅰ级
锅炉、压力容器、球罐、化工机械、潜水器、起重机等	1）外观检查 2）射线或超声波探伤 3）磁粉或渗透探伤 4）压力试验	Ⅱ级
船体、公路钢桥、液化气钢瓶	1）外观检查 2）射线或超声波探伤 3）致密性试验	Ⅲ级
一般（不重要）结构	外观检查	Ⅳ级

第二节　焊前的质量控制

现代焊接工程管理思想认为："焊前准备得好，等于已经完成了一半。"这充分说明焊前质量控制的重要性。焊前质量控制包括以下内容。

一、金属材料的质量检验

金属材料是制造焊接结构（件）的基础材料，也是焊接的对象，同时还是选择焊接方法和制订焊接工艺的依据。金属材料的质量直接关系到产品的质量与安全，因此必须首先对其进行严格的验收，必要时应对其材质和性能进行复验，确认合格后方能入库和使用。

（1）验收　金属材料入库时，一般按钢厂的质量证明书进行验收，其各项指标均应符合国家标准或订货技术条件的规定。

金属材料验收的主要项目为牌号、规格、数量、批号、炉号、化学成分、力学性能及表面质量。验收合格的材料方能入库。

（2）复验　一般情况下金属材料不需要复验；而在下列情况下需要对材料进行重新试验：①无质量检验证明书的材料。②新材料。③重要产品的母材（如高压容器等）。④材料质量证明书与实物明显不符的材料。

检验金属材料的试验方法主要有化学分析、无损探伤、各种力学性能试验、工艺试验、焊接性试验等。

至于重新试验的比例、项目、数量以及评定方法等均应根据具体情况和要求，按有关标准和规程执行。

（3）投料前的检查项目　为保证金属材料使用的正确性，投料时应检查以下项目：①投料单据。该单据是材料发放出库的凭证，投料前应检查该单据投料生产号是否与所焊产品生产号一致；材料牌号、规格是否符合图样规定。否则，应办理材料代用或更改材料手续。②实物标记。金属材料的实物标记应清楚、齐全，有入厂检验编号，金属材料的牌号、规格应与投料单据相符，与图样要求一致。③实物表面质量。金属材料表面不应有裂纹、分层及超过标准规定的凹坑、划伤等缺陷。④标记移植。按图样和工艺要求，在投料和划线的同时，必须进行标记移植，以便在生产过程中区分部分材料的用处。

二、焊接材料的检验

焊接材料是指焊接时使用的焊条、焊丝、焊剂和保护气体等。焊接材料的正确选择、管理和使用，是保证焊接质量的基本条件。应根据国标或原冶金部标准及出厂要求对焊条、焊丝及焊剂进行严格检查验收。此外，在焊接材料投入生产时，还应检查以下项目。

（1）核对焊接材料的选用是否正确　焊接材料的出库领用，应根据领料单核对焊接材料的牌号，是否符合图样或技术条件规定，审查焊接材料的规格是否符合工艺文件规定。

（2）核对焊接材料实物标记　检查包装标记或焊接材料本身标记，焊接材料的牌号和规格应符合选用要求，如焊条尾部牌号标记或涂色标记，焊丝盘挂牌或写字、涂色标记等。

（3）检查焊接材料的表面质量　焊条、焊丝表面应无油污、无铁锈，焊条药皮无开裂、脱落及霉变等。

（4）检查焊接材料的工艺处理是否符合要求　如焊条和焊剂的烘干温度及保温时间、焊丝除锈及酸洗处理、保护气体的预热和干燥处理等。

三、焊件备料的检验

焊件备料包括放样、划线、下料、加工坡口和成形等过程。

1. 放样、划线、下料的质量检查

放样、划线是焊前极重要的一项工作，不但工作量大，而且要求操作者和检查员要有较高的识图能力和细心负责的工作态度，一旦出错，将直接造成下料尺寸的错误，造成毛坯报废。

一般主要从以下几个方面进行检查：

（1）尺寸和形状　根据图样进行检查。

（2）公差　按要求检查尺寸是否在规定值内。

（3）排料　检查排料方向是否合理；材料利用率要达到最高。

（4）标记移植　进厂的每张钢板上一般只有一个原始标记（材料的牌号、规格、炉号、批号等）。若需将其分成若干块，则必须先将原始标记正确无误地移植到将要分离的各个钢板上，以免误用和错用。这是压力容器和其他重要产品质量保证的一个重要环节。

上述内容检查无误后，用剪切或气割的方法进行下料。下料后，根据有关标准或技术要求检查切口或气割面质量。

2. 坡口质量检查

坡口质量检查主要是检查坡口形状、尺寸与表面粗糙度是否符合要求，可用焊接检验尺和样板测量坡口面角度、钝边尺寸及根部半径，如图1-1所示；检查坡口清理情况（坡口及其附近不应有毛刺、焊渣、油污、铁锈等杂质）及坡口面探伤（$R_{eL} > 392$ MPa 或 Cr-Mo 低合金钢焊件坡口面进行探伤，发现裂纹

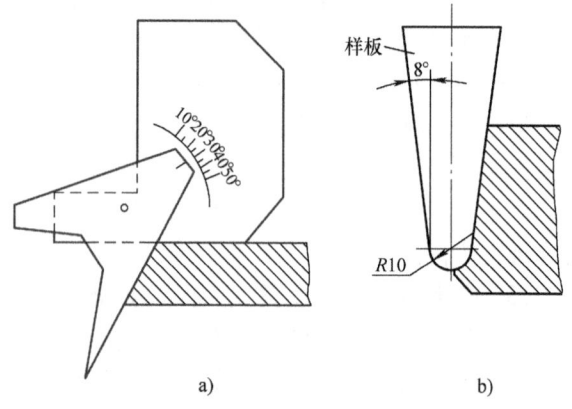

图1-1　测量坡口加工的形状和尺寸
a）测量坡口角度（30°）　b）用样板测量坡口形状

要及时去除)。

3. 成形加工的质量检查

焊接产品中有许多零件需要进行成形加工,如冲压、弯曲、折边等。对这些零件的形状和尺寸主要依据图样要求及相关技术标准,采用成形样板和检验尺进行检查,如图1-2和图1-3所示。

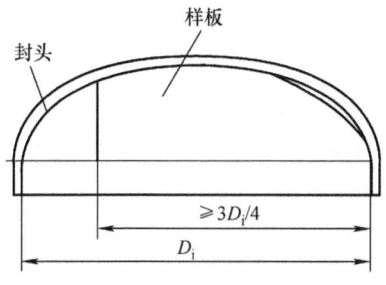
图1-2 用成形样板检查容器
封头内表面的形状偏差

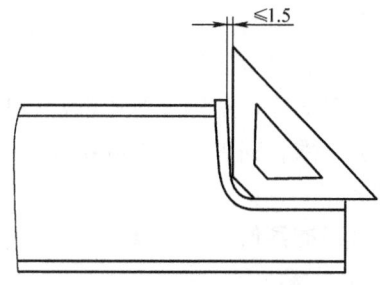
图1-3 用样板检查桥架端
梁弯板的形状偏差

另外,零件在成形加工过程中有可能出现裂纹、表面压伤,热成形件可能出现严重氧化、减薄超差等缺陷。检查中要引起充分重视,必要时应配合无损探伤等方法配合检验。

四、焊件装配质量的检验

焊件的装配质量对焊接质量有重要影响。因此,焊接前应对以下装配质量进行检验,具体内容是:

1. 装配结构的检验

对装配结构主要是检验零件之间的相对位置、焊缝位置及坡口。

零部件的相对位置和它们的空间角度应符合图样及有关标准的规定,但需要注意的是,检验焊接结构的装配尺寸要充分考虑焊接变形的影响,不能一味地按图样要求来检查。例如,T形接头或角接接头的两板夹角应放大2.5°~3°,以防焊接后因收缩变形使角度变小,采用反变形的平对接两板间的装配角度也是如此,这是焊接结构装配尺寸检验的特殊性。

焊缝的分布及其位置应符合图样和工艺拼接图的规定。例如,压力容器环缝装配后,应检查相邻筒体的纵缝错开量是否符合要求,一般错开量应大于3倍的筒体壁厚,且不小于100mm。

坡口组装后的形状、间隙、错边量和方位都应符合要求。其测量方法如图1-4和图1-5所示;并且要将其边缘的油污、铁锈和杂质清理干净。

2. 装配工艺的检验

装配工艺的检验主要是检验定位焊预热和装配顺序。

低合金高强度钢和铬钼耐热钢在定位焊缝施焊时应按工艺规定进行预热,以防产生表面裂纹。

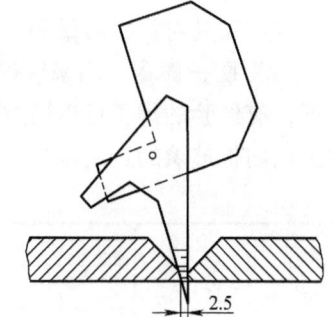
图1-4 用焊接检验尺
测量坡口间隙

装配顺序应符合工艺规定。如果焊接结构中有隐藏焊缝或阻碍焊接和检验的零件时,应在完成内藏焊缝的焊接和检验工作后,再继续组装。以压力容器为例,在最后一条环缝装配之前,应特别注意检查那些应该装入的内件是否已经焊装、检查完毕,因为有些内件在最后一条环缝封死以后再也无法装入了。这方面的质量事故在一些工厂并不罕见,对此要引起足够重视。

3. 定位焊缝质量的检验

当定位焊缝作为正式焊缝的一部分时,其质量和检验方式应与正式焊缝相同,定位焊缝不允许有裂纹、夹渣、气孔等焊接缺陷,如发现缺陷应及时消除;定位焊所用的焊接材料应与正式焊缝一致;锅炉、压力容器等重要产品的定位焊缝,应由经过专业考试并取得合格证的焊工施焊。

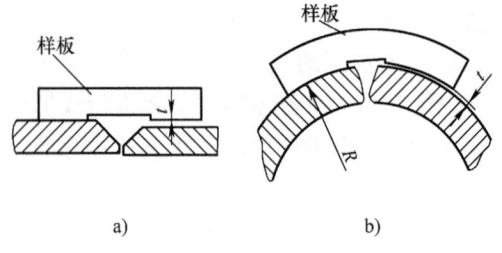

图1-5 用样板测量坡口错边
a) 平板对接错边量的测量 b) 用圆弧样板测量错边

五、焊接的其他工作检查

1. 焊工考核

焊工的操作技术水平是决定焊缝质量的重要因素。焊工操作技术差,会在焊缝中造成各种焊接缺陷,甚至使焊接接头性能恶化。因此,对重要的焊接结构,例如锅炉、压力容器等的焊接,必须由经过专业考试并取得合格证的焊工施焊。

焊工资格检查主要是检查以下内容。

(1) 焊工合格证 焊工合格证是证明焊工操作技术水平的有效凭证,只有取得相应等级的合格证的焊工,才有资格上岗焊接。

(2) 检查有效期 从焊工考试合格之日起计算有效期,超过有效期或在有效期内中断焊接工作的,应重新进行考试,合格后才允许继续上岗焊接。

(3) 检查考试项目 检查焊接方法和焊接位置与焊接产品的一致性;检查考试钢材和焊接材料与产品的一致性;检查试样形式、规格与焊接产品的一致性。考试项目与产品不符者,不能上岗焊接。

2. 焊接工具的检查

焊条电弧焊的工具包括防护面罩、焊钳和电缆等;辅助工具有敲渣锤、钢丝刷和錾子等。这些工具对焊接质量和焊接生产率也有一定影响。

(1) 防护面罩 用来保护焊工的眼睛和面部。焊工可以通过护目玻璃观察电弧和熔池情况,有经验的焊工可以通过控制熔池和电弧来减少和消除夹渣、未焊透及气孔。因此,面罩上的防护玻璃的选用也是很关键的,其选用可参考表1-8。

表1-8 面罩防护玻璃的选用

工 种	镜片遮光号			
	焊接电流/A			
	≤30	>30~75	>75~200	>200~400
焊条电弧焊	5~6	7~8	8~10	11~12
碳弧气刨			10~11	12~14
焊接辅助工	3~4			

(2) 焊钳 焊钳的作用是用来夹持焊条和传导电流。质量优良的焊钳应满足以下要求。

1) 能夹紧和便于更换不同角度的各种直径的焊条。

2) 电缆与夹头连接处导电良好，发热小，手柄绝缘好。

3) 重量轻，且有一定的强度。

目前常用的焊钳有 300A 和 500A 两种。

(3) 焊接电缆的检查　焊接电缆是连接焊机与焊件、焊机与焊钳的导线。焊接电缆要求柔软、轻便、使用中不发热和绝缘好。因此，焊接电缆一般采用多股细铜丝组成，外表包有橡胶绝缘层，长度一般为 20~30m，通常要求在额定电流下，电缆上的电压降不大于 4V。焊接电缆的导线截面可参考表 1-9 选用。

表 1-9　焊接电缆的选用

导线截面/mm²	16	25	35	59	70	95	120	160
额定电流/A	106	140	175	225	280	335	400	460

第三节　焊接过程中的质量控制

焊接过程不仅是焊缝的形成过程，还包括焊接时的环境条件、焊接参数的执行情况、焊接预热、焊接后热等，这些因素都会对接头质量造成影响。

一、焊接环境的检查

焊接环境对焊接质量有较大影响。例如，过低的环境温度，会使焊件与焊缝之间的温差增大，因而增加了焊缝金属的冷却速度，有可能使材料变脆，在焊接应力作用下出现裂纹；雨雪天气或湿度过大时，由于焊接区水分较多而使焊缝容易出现气孔；风力较大时，会影响焊条电弧焊及气体保护焊的保护效果等。而在许多情况下，焊接工作是在露天条件下进行的，如桥梁、大型储罐、长距离输油（气）管道的施工等，焊接质量在很大程度上受季节、地理位置及天气情况的影响。因此，有关标准对焊接环境做出具体规定。

例如，GB 150.1~GB 150.4—2011《压力容器》中规定，当施焊环境出现以下任一情况，且无有效防护措施时，禁止施焊。

1) 雨雪天气。

2) 相对湿度大于 90%。

3) 焊条电弧焊时风速大于 10m/s。

4) 气体保护焊时风速大于 2m/s。

气温对焊接过程也有一定影响，且与材料的性能，特别是焊接性有关。上述标准规定：当焊接环境温度低于 0℃时，应在施焊范围内预热到 15℃左右。

在现场施焊条件下，不同性能的钢材其允许焊接的最低温度规定为：低碳钢，-20℃；低合金结构钢，-10℃；中、高合金钢，0℃。

二、焊接规范执行情况的检查

不同焊接方法要求监控的焊接参数各不相同。

1. 焊条电弧焊焊接工艺的检查

焊条电弧焊的焊缝质量在很大程度上取决于焊工的操作技术，因而对焊接参数要求不严格，通常只规定各层的焊条型号和直径，电源种类和极性，而对焊接电流只规定一个范围，焊工可以根据自己的经验，在该范围之内选择合适的焊接电流。

2. 埋弧焊焊接规范的检查

埋弧焊需要检查的焊接参数较多,主要有焊接电流、电弧电压、焊接速度、焊丝直径和伸出长度等。焊接电流和电弧电压可直接从电流表和电压表上读出;焊接速度则由牵引焊车的一对齿轮的传动比决定,只要检查所选用齿轮的齿数是否符合对应的速度即可。若采用滚轮架组焊环缝,则要检查滚轮架转速下该直径环缝的线速度是否符合要求。

3. 气体保护焊焊接参数的检查

气体保护焊的种类较多,需要监控的焊接参数也有差别,除各自对应于焊条电弧焊和埋弧焊相同的参数外,各种气体保护焊所共同需要检查的参数是保护气体的流量和混合气体的配比。

三、预热的检查

预热是减少焊接应力的重要工艺措施。检查预热主要是检查预热方法、预热范围和预热温度。在一般情况下,允许预热温度略高于规定的温度(通常焊接工艺卡给出的预热温度是下限值),特别是在施焊时焊接环境温度较低的情况下,允许超出更多些,以弥补因温差较大而增加的散热损失。

在焊接开始时,检查的次数应频繁些;当预热温度稳定在一定范围内时,说明焊接过程中向焊接接头提供的热量与散失的热量大体平衡,这是正常焊接过程所需要的预热状态。

四、焊接后热的检查

焊接后热的主要作用是加快焊缝中氢的逸出,为达到这一目的,必须检查以下几点。

(1) 及时加热 在焊缝冷却到100℃以上时及时加热。

(2) 加热温度 加热温度一般要求200~350℃。加热温度过低,消氢效果不理想;加热温度过高,有可能使某些低合金钢产生回火脆性。因此,应检查实际加热温度是否符合要求。

(3) 加热持续时间 在上述加热温度下应保持3~4h。

(4) 加热宽度范围 加热时要保证足够的加热宽度范围,要求焊缝每侧的加热宽度不小于板厚的5倍,且不小于100mm。

(5) 保温措施 热源撤除后应采取良好的保温措施。

五、产品试板的质量控制

1. 制作产品试板的意义及要求

由于焊接工艺比较复杂,很多情况下需要预热、后热、调质处理及去氢处理等工艺,这些工艺对焊接接头质量影响较大。焊缝内的缺陷可以通过各种无损探伤来检查;而焊接接头的力学性能或某些需经最终热处理才能达到使用要求的产品,显然无法直接在产品上确定其是否合格,也不允许直接从产品上切取试板进行试验,因此只能通过制作产品试板来进行检验。为了使从试板上得到的试验数据尽可能反映生产条件下的实际情况,要求对试板进行检查并保证以下几点。

1) 试板材料要与产品使用的材料具有相同的钢号、规格和热处理工艺。切取试板时也应进行标记移植。

2) 试板必须采用与产品相同的坡口形式,且加工坡口的方法也必须相同。

3) 试板应由焊接正式产品的焊工焊接,并采用与正式产品焊接相同的工艺条件进行施焊。

4) 对于容器上的试板，必须在筒体纵缝的延长部分与筒体连续施焊。在实际生产中，是将试板定位在筒节纵缝的端部，以保证试板与产品焊接工艺条件的一致性。

对现场组装的球罐或其他产品，无法直接在产品上与产品一起完成试板的焊接，则应在产品焊接之前，按1）、2）、3）点要求制作立焊、横焊及仰焊三个位置的产品焊接试板各一块，在模拟施焊现场的条件下进行焊接。

5) 对有热处理要求的产品，试板应随产品一起热处理。

按上述要求制作的产品试板的试验数据，可以作为判断产品是否合格的依据。

2. 压力容器产品试板的种类

按应用条件不同，压力容器产品试板分为产品焊接试板、焊接工艺纪律检查试板和母材热处理试板。

(1) 产品焊接试板　制作产品焊接试板的目的是检验焊接接头的力学性能。对工作条件比较恶劣的压力容器来讲，这种试板是按台制作，即每台产品都要制作。

(2) 焊接工艺纪律检查试板　制作焊接工艺纪律检查试板的目的是检查产品制造企业对焊接工艺纪律的执行情况。通常在两种情况下需要制作焊接工艺纪律检查试板、一是对不需要每台产品都做焊接试板的压力容器，例如采用20R、16MnR等材料制成的压力容器，由于这些材料的焊接性好，工艺简单，焊接质量稳定，因此允许制造企业根据自己的经验和产品质量情况，采用"成批"产品制作焊接试板；二是对已取得压力容器制造资格的企业，生产产品又属于不需要逐台制作焊接试板的，可以采取抽验的方法来监督制造单位对焊接工艺纪律的执行情况，以加强对该企业和产品的质量管理。

工艺纪律检查试板在制备要求、试样的试验方法和评定标准方面与产品焊接试板的要求完全一致。

(3) 母材热处理试板　有些焊接结构在其制造过程中，必须进行热处理才能达到所要求的力学性能，产品母材能否达到预期目标显然也不能从产品上直接获取，也是通过制作试板进行测定的。试板材料要求与母材完全相同，且必须经过相同的热处理。

第四节　焊接结构成品检验

焊接结构的成品检验属于对产品的终端检验，其检验内容主要有以下几项。

1) 焊接结构的几何尺寸。
2) 焊缝的外观质量及尺寸。
3) 焊缝的表面、近表面及内部缺陷。
4) 焊缝的承载能力及致密性。

焊缝的表面、近表面及内部缺陷一般用无损检验的方法进行检查，其具体内容将在本书后续章节中介绍。

一、焊接结构几何尺寸的检验

判断焊接结构的几何尺寸是否合格，实际上是判断这些尺寸的公差是否符合要求。焊接结构上的几何尺寸有两类：一类是在图样上直接给出公差要求，对这类尺寸的检验可直接按图样要求进行检查；另一类是图样上不标公差的尺寸（自由公差），对这类尺寸的检验则应根据不同行业和产品的有关标准或国标规定进行检查，也可参见表1-10～表1-12。

表 1-10 焊接结构长度尺寸自由公差　　　　　　　　　　（单位：mm）

精度等级	公称尺寸范围									
	>30 ≤120	>120 ≤400	>400 ≤1000	>1000 ≤2000	>2000 ≤4000	>4000 ≤8000	>8000 ≤12000	>12000 ≤16000	>16000 ≤20000	>20000
A	±1	±1	±2	±3	±4	±5	±6	±7	±8	±9
B	±2	±2	±3	±4	±6	±8	±10	±12	±14	±16
C	±3	±4	±6	±8	±11	±14	±18	±21	±24	±27
D	±4	±7	±9	±12	±16	±21	±27	±32	±36	±40
<30mm 的尺寸允许偏差 ±1 mm										

注：此表所列公差适用于焊件的外部尺寸、台阶尺寸、宽度和中心距尺寸等。

表 1-11 焊接结构件的几何公差　　　　　　　　　　（单位：mm）

精度等级	公称尺寸范围									
	>30 ≤120	>120 ≤400	>400 ≤1000	>1000 ≤2000	>2000 ≤4000	>4000 ≤8000	>8000 ≤12000	>12000 ≤16000	>16000 ≤20000	>20000
E	±1	±1	±2	±3	±4	±5	±6	±7	±8	±9
F	±2	±2	±3	±4	±6	±8	±10	±12	±14	±16
G	±3	±4	±6	±8	±11	±14	±18	±21	±24	±27
H	±4	±7	±9	±12	±16	±21	±27	±32	±36	±40
<30mm 的尺寸允许偏差 ±1 mm										

表 1-12 精度等级的应用范围

精度等级		应用范围
长度尺寸	几何公差	
A	E	公差要求较高的结构件
B	F	结构简单、焊接和矫正产生的热变形较小的结构件
C	G	结构复杂的、焊接和矫正产生的热变形较大的结构件
D	H	公差要求较低的结构件

二、焊缝外观检验

1. 焊缝的目视检验

目视检验是用眼睛直接观察和分辨缺陷。一般情况下，目视检验的距离约为600mm，眼睛与被检工件表面所成的视角不小于30°。在检查过程中，可以采用适当照明、利用反光镜调节照射及观察角度、借助低倍放大镜观察等措施，以提高眼睛发现缺陷和分辨缺陷的能力。

对眼睛不能接近的焊缝，必须借助望远镜、内孔管道镜等进行观察。借助的设备至少应具有与直接目视检验效果相同的能力。

目视检验应在焊接工作结束后，将工件表面的焊渣和飞溅清理干净，按表 1-13 所列的项目进行检验。

表 1-13 焊缝目视检验的项目

检验项目	检验部位	质量要求	备注
清理质量	所有焊缝及其边缘	无焊渣、飞溅及阻碍检验的附着物	
几何形状	焊缝与母材连接处	焊缝完整,不得有漏焊,连接处应圆滑过渡	可用焊接检验尺测量
	焊缝形状和尺寸急剧变化的部位	焊缝高低、宽窄及结晶焊波应均匀	
焊接缺陷	1) 整条焊缝和热影响区附近 2) 重点检查焊缝的接头部位、收弧部位、几何形状和尺寸突变部位	1) 无裂纹、夹渣、焊瘤、烧穿等缺陷 2) 气孔、咬边应符合有关标准规定	1) 接头部位易产生焊瘤、咬边等缺陷 2) 收弧部位易产生弧坑、裂纹等缺陷
伤痕补焊	装配拉肋板拆除部位	无缺肉及遗留焊疤	
	母材引弧部位	无表面气孔、裂纹、夹渣、疏松等缺陷	
	母材机械划伤部位	划伤部位不应有明显棱角和沟槽,伤痕深度不超过有关标准规定	

2. 焊缝尺寸检验

(1) 焊接检验尺 焊接检验尺一般由主尺、高度尺、咬边深度尺和多用尺四个零件组成。图 1-6 所示为 HJC40 型焊接检验尺,是焊工用来测量焊件坡口角度、间隙和焊缝宽度、余高、咬边深度等参数的专用量具,适用于检验焊接质量要求较高的产品和部件,如锅炉、压力容器、桥梁、船舶及管道等。

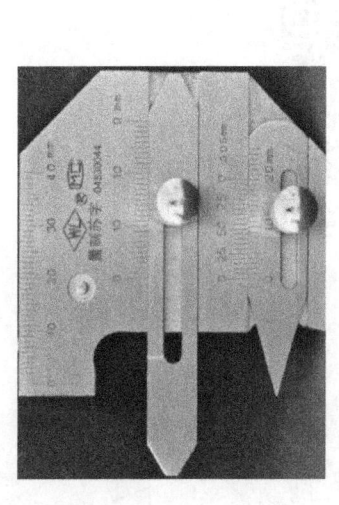
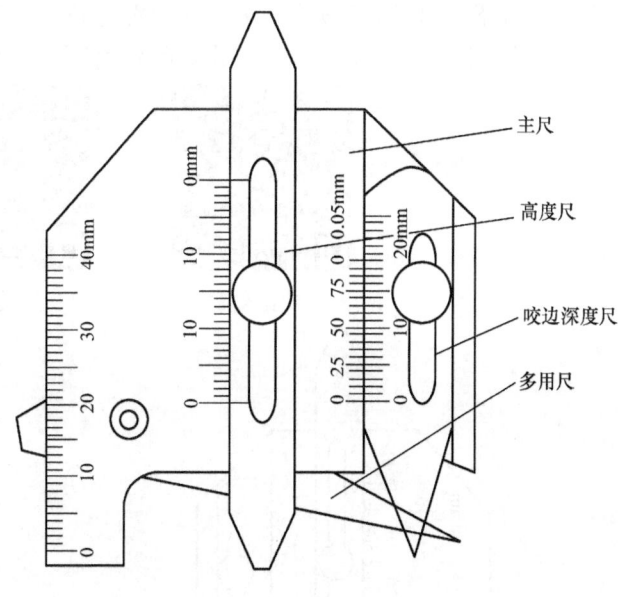

a) b)

图 1-6 HJC40 型焊接检验尺
a) 检验尺实物 b) 检验尺结构

检验尺结构

(2) 焊缝尺寸的检验方法 焊缝尺寸检验主要是测量焊缝外观尺寸是否符合图样标注尺寸或技术标准规定的尺寸。

1) 对接焊缝尺寸的检验。检查对接焊缝的尺寸主要是检查焊缝的

余高 h 和熔宽 B，如图 1-7 所示，其中又以测量余高 h 为主。因为现行的一般标准只对焊缝的余高有明确定量的规定和限制，见表 1-14，而对焊缝宽度无定量规定，只要求焊缝宽度较均匀即可。

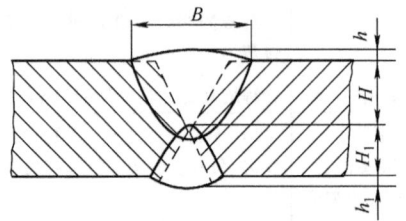

图 1-7 对接焊缝尺寸的检验

表 1-14 压力容器 A、B 类焊缝余高允许值　　　　　　　（单位：mm）

熔深 $H(H_1)$	余高 $h(h_1)$	
	手工焊	自动焊
≤12	0～1.5	0～4
12＜H≤25	0～2.5	0～4
25＜H≤50	0～3	0～4
＞50	0～4	0～4

① 测量余高。首先将咬边深度尺对准零，并紧固螺钉，然后滑动高度尺与焊缝最高点接触，此时高度尺的示值即为余高，如图 1-8 所示。

② 测量熔宽。如图 1-9 所示，先将主尺测量角紧靠焊缝一边，然后旋转多用尺的测量角，使其靠紧焊缝的另一边，此时多用尺上的示值即为熔宽。

测量余高　　　　　　　　测量熔宽

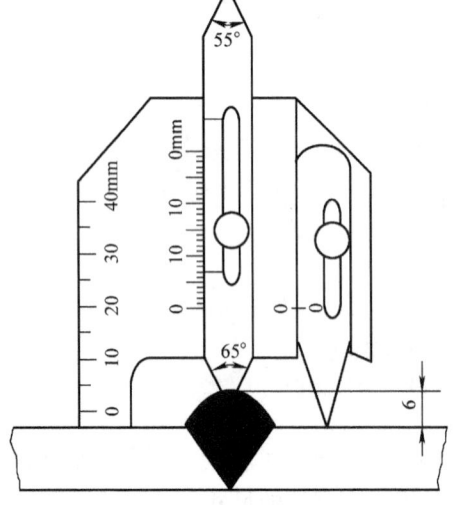　　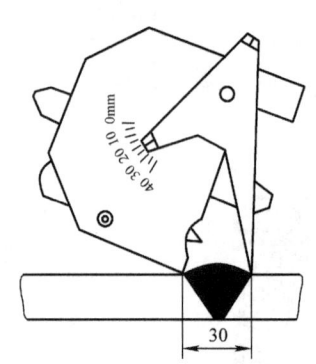

图 1-8 用焊接检验尺测量余高　　　图 1-9 用焊接检验尺测量熔宽

③ 测量咬边深度。首先把高度尺对准零位，并紧固螺钉，然后使用咬边深度尺测量咬边深度，如图1-10所示，此时咬边深度尺的示值即为咬边深度。

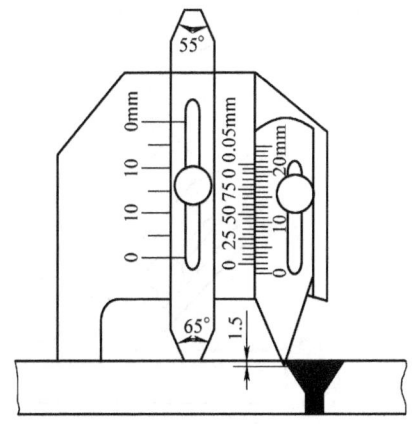

图1-10　用焊接检验尺测量焊缝咬边深度

测量咬边

2）角焊缝尺寸的检验。检验角焊缝的尺寸主要是检验焊缝的厚度、焊脚尺寸、凸度和凹度，如图1-11所示。但多数情况下，只测量焊脚尺寸K_1、K_2。当图样中要求标注角焊缝厚度时，不但要求实际角焊缝厚度符合尺寸a，而且还要求焊脚尺寸$K_1 = K_2$，因为只有这样才能准确测量a值。

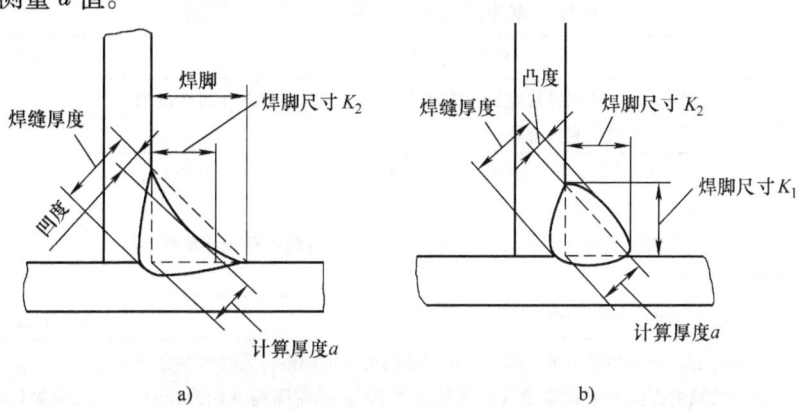

图1-11　角焊缝尺寸
a）凹形角焊缝　b）凸形角焊缝

① 测量角焊缝焊脚尺寸。如图1-12所示，将主尺的工作面靠紧焊件和焊缝，滑动高度尺与焊件的另一边接触，此时高度尺的示值即为角焊缝焊脚尺寸。

② 测量角焊缝厚度。如图1-13所示，先将主尺工作面与焊件靠紧，然后滑动高度尺与焊缝最高点接触，此时高度尺上的示值即为角焊缝厚度。

测量焊脚

测量角焊缝厚度

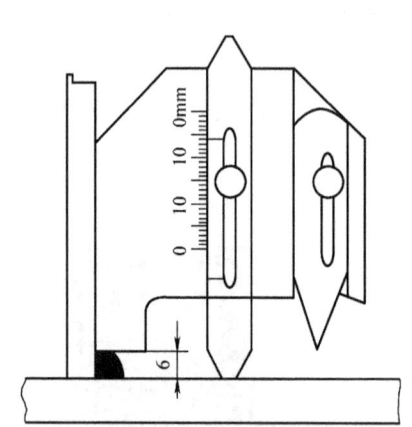

图 1-12 用焊接检验尺测量角焊缝焊脚尺寸

图 1-13 用焊接检验尺测量角焊缝厚度

三、致密性试验和压力试验

1. 致密性试验

储存液体或气体的焊接容器都有致密性要求。生产中常用致密性试验来检查焊缝的贯穿性裂纹、气孔、夹渣、未焊透等缺陷。常用的致密性试验方法及应用范围见表 1-15。

表 1-15 常用的致密性试验方法及应用范围

名 称	试 验 方 法	应用范围
气密性试验	将焊接容器密封，按图样规定的压力通入压缩空气，在焊缝外面涂以肥皂水检查，不产生肥皂泡为合格	密封容器
吹气试验	用压缩空气对着焊缝的一面猛吹，焊缝的另一面涂以肥皂水，不产生肥皂泡为合格 试验时，要求压缩空气的压力大于 405.3kPa，喷嘴到焊缝表面的距离不超过 30mm	敞口容器
载水试验	将容器充满水，观察焊缝外表面，无渗水为合格	敞口容器
水冲试验	对着焊缝的一面用高压水流喷射，在焊缝的另一面观察，无渗水为合格 水流的喷射方向与试验焊缝表面夹角大于 70°。水管喷嘴直径为 15mm 以上，水压应使垂直面上的反射水环直径大于 400mm；检查竖直焊缝应由下往上移动喷嘴	大型敞口容器，如船甲板等密封焊缝的检查
沉水试验	先将容器浸到水中，再向容器内充入压缩空气，使检验焊缝处在水面下 50mm 左右的深处，观察无气泡浮出为合格	小型容器密封性检查
煤油试验	煤油的黏度小，表面张力小，渗透性强，具有透过极小的贯穿性缺陷的能力。试验时，将焊缝表面清理干净，涂以白粉水溶液，待干燥后，在焊缝的另一面涂上煤油浸润，经 30min 后白粉无油浸为合格	敞口容器，如储存石油、汽油的固定式储器和同类型的其他产品
氨渗透试验	氨渗漏属于比色检漏，以氨为示踪剂，试纸或涂料为显色剂进行渗漏检查和贯穿性缺陷的定位。试验时，在检验焊缝上贴上比焊缝宽的石蕊试纸或涂料显色剂，然后向容器内通以规定压力的含氨的压缩空气，保压 5～30min，检查试纸或涂料，未发现色变为合格	密封容器，如尿素设备的焊缝检验
氦检漏试验	氦气分子半径小，能穿过微小的空隙。利用氦气检漏仪可发现千万分之一的氦气存在，是灵敏度很高的致密性试验方法	用于致密性要求很高的压力容器

2. 压力试验

压力试验又称为强度试验，可用于检查焊接接头的强度和致密性，是对焊接产品整体质量的检验。其检验结果不仅是产品是否合格和等级划分的关键，而且是保证其安全运行的重要依据。

压力试验包括水压试验和气压试验。

（1）水压试验　水压试验是最常用的压力试验方法。水的压缩性很小，倘若容器一旦因缺陷扩展而发生泄漏，水压立即下降，不会引起爆炸。水压试验既廉价又安全，操作也很方便，因此得到了广泛应用。对于极少数不能充水的容器，则可采用不会发生危险的其他液体，但要注意试验温度应低于液体的燃点或沸点。

1）水压试验前的准备。

① 产品在进行水压试验之前，焊接工作必须全部结束，且焊缝的返修、焊后热处理、力学性能检验和无损检验都必须合格。

② 受压部件充水之前，必须清理干净药皮、焊渣等杂物。

③ 根据试验压力选择压力表的量程，并要求表盘直径不小于100mm。压力表的量程应为试验压力的2倍左右，但应不低于1.5倍和不高于4倍的试验压力。压力表精度等级的选择见表1-16。

表1-16　压力表精度等级的选择

工作压力/MPa	精　确　度
<2.45	不低于2.5级
≥2.45	不低于1.5级

2）水压试验的规范包括环境温度、水的温度、试验压力和保压时间等。

① 水压试验的环境温度应高于5℃，低于5℃时应采取防冻措施。

② 水压试验时水的温度应高于材料的脆性转变温度，但不能太高，以防汽化造成检验时渗漏难以发现。我国现行标准规定碳素钢、16MnR和正火15MnVR钢制容器水压试验的水温不得低于5℃；其他低合金钢不低于15℃。一般情况下使用的水温为20~70℃。

③ 试验压力见表1-17。

表1-17　试验压力

压　力　等　级	耐压试验压力 p_T		气密试验压力
	水压	气压	
低压	1.25p	1.20p	1.05p
中压	1.25p	1.15p	1.05p
高压	1.25p	—	(1.25或1.05)p
超高压	1.25p	—	1.00p

注：p_T—试验压力；p—设计压力；单位均为MPa。

④ 水压试验的保压时间应大于30min。

3）试验方法。

① 试验时容器顶部应设排气口，充满水将空气排净后再密封加压。试验过程中应保持

表面的干燥，并注意观察。

② 试验时，升压或降压应缓慢进行。当达到规定试验压力后，保持30min以上，然后将压力降至规定压力的80%，并保持足够长的时间，以便对所有焊缝进行检查。如有渗漏，修补后需重新试验。注意必须降压、排水、干燥后才能修补，不得在有压力和与水接触的情况下补焊。

③ 对于夹套容器（如空分设备中的液氧储槽），应先进行内筒水压试验，合格后再焊夹套，然后进行夹套内的水压试验。

④ 水压实验完毕后，应将水排净并用压缩空气将内部吹干。

(2) 气压试验　由于气体的体积压缩比大，气压试验时因缺陷扩展有可能引起爆炸危险，因此只有当容器的结构设计不允许进行水压试验，或者有水渍存在不便清除而有可能参与介质反应发生爆炸时，才能采用气压试验。同时，还应采取如下措施，以确保安全。

1) 做气压试验的容器需经100%无损检验，并保证达到相应标准的规定。

2) 试压环境必须安全可靠，要设有防爆墙及其他安全设施。

3) 试验温度（包括气体温度）应不低于15℃，以使材料有足够的韧性。

4) 制订合理的试压工艺规程，并使压力缓慢地上升。当升至规定压力的10%时，保持该压力10min，并对焊缝做初次检查(可在焊缝和连接处涂肥皂水检查是否漏气)，合格后继续升压至规定压力的50%；之后，按每级为试验压力10%的级差逐级升压到试验压力，并保持30min，再降至设计压力并保持30min，然后做检查。检查中不允许做任何敲击，也不允许在带压条件下进行返修。

气压试验压力见表1-17，所用气体应为干燥、洁净的空气、氮气或其他惰性气体。

根据有关规定，气密性试验之前，必须先经水压试验，合格后才能进行气密性试验；而已经做了气压试验且合格的产品，可以免做气密性试验。

复习思考题

一、填空题

1. 常用的无损检测包括_____、_____、_____、_____。

2. 由焊接过程在焊接接头中发生的金属不连续、不致密或连接不良的现象称为_____。

3. 一般情况下，目视检验的距离约为_____mm，眼睛与被检工件表面所成的视角不小于_____。在检查过程中可以采用适当照明、利用反光镜调节角度、借助_____观察，以提高眼睛发现缺陷和分辨缺陷的能力。

4. 焊接检验尺一般由_____、_____、咬边深度尺和多用尺四个零件组成。

5. 生产中常用_____试验来检查焊缝的贯穿性裂纹、气孔、夹渣、未焊透等缺陷。

6. 压力试验又称为强度试验，可用于检查焊接接头的_____和_____，是对焊接产品整体质量的检验。

7. 由于气体的压缩比大，气压试验时因缺陷扩展有可能引起爆炸危险，因此只有当容器的结构设计不允许进行_____试验，或者有水渍存在不便清除而有可能参与介质反应发生爆炸时，才能采用气压试验。

8. 气压试验所用气体应为干燥、洁净的_____、氮气或其他惰性气体。

9. 水压试验时容器顶部应设_____，充满水将空气排净后再密封加压。

二、简答题

1. 简要说明焊接检验的过程及主要内容。

2. 焊接产品制造过程中为什么要进行标记移植?
3. 压力容器等重要产品为何要做产品试板?
4. 水压试验能否代替致密性试验?
5. 焊接过程中如何检查焊接预热和焊接后热?
6. 焊接缺陷主要有哪几种?简要说明其特征和分布规律。

第一章 习题答案

第二章 射线检测

射线检测（也称射线探伤）是利用 X 射线或 γ 射线照射焊接接头，检查内部缺陷的无损检验法。它可检验金属材料的内部缺陷（如焊缝中的气孔、夹渣、裂纹等），也可检查非金属材料的内部情况（如医院透视内脏、骨骼拍片等），还可用于海关、机场和车站的安全检查等。目前射线检测已广泛应用于工业、医疗和安全检查等领域。射线检测检验缺陷具有直观性强、准确度高和可靠性好的独特优点，且得到的射线底片既可用于缺陷分析，又可作为质量凭证存档；但此法也存在着设备较复杂、成本较高并需要严密防护等缺点。本章主要讲述 X 射线的产生及其性质、射线照相法检验的一般过程，简单介绍射线检测方法的种类及其原理。

第一节 射线的产生、性质及衰减

射线检测中应用的射线主要是 X 射线和 γ 射线，它们都是波长很短的电磁波，两者的本质是相同的。

X 射线的波长为 0.001~0.1nm，γ 射线的波长为 0.0003~0.1nm。

一、X 射线的产生及性质

实验证明，高速运动着的电子被突然阻止时，伴随电子动能的消失或转化会产生 X 射线。

工业上使用的 X 射线是由 X 射线机产生的。该射线机主要由 X 射线管、高压发生器、控制器等三部分组成。

X 射线管是产生 X 射线的关键装置。它由阴极、阳极和真空玻璃（或金属陶瓷）外壳组成。X 射线产生装置示意图如图 2-1 所示。

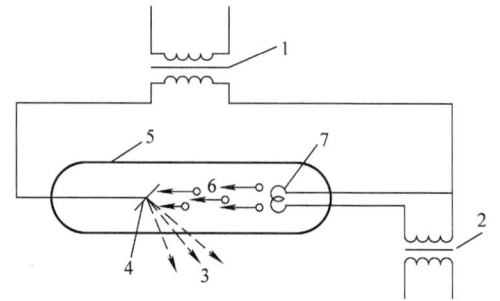

图 2-1 X 射线产生装置示意图
1—高压变压器 2—灯丝变压器 3—X 射线
4—阳极 5—X 射线管 6—电子 7—阴极

其简单工作原理是：阴极灯丝通以电流（称为管电流）达到白炽状态后即释放出热电子，这些电子经加在阴极和阳极间的高电压（称为管电压）电场作用，以高速度向阳极靶撞击。具有极大动能的电子被阳极靶突然阻止后，其绝大部分动能转变为热量被阳极靶吸收，另一小部分转变为 X 射线，透过 X 射线管的管壁向外面发射。阳极靶上受电子撞击的地方，即 X 射线发生的地方称为焦点。

产生的 X 射线的能量（光子能量）取决于管电压。管电压越高，电子飞向阳极的速度就越快，产生的射线能量也就越大。射线能量决定了射线穿透能力，射线能量越大，其穿透能力越强，故应根据被检测工件的厚度来正确选择射线能量。

产生的 X 射线强度与管电流、管电压的平方和靶材原子序数三者的乘积成正比。射线检测时，既需要射线具有一定的能量，以保证其穿透力，又需要射线具有一定的强度，使胶片感光。X 射线的能量和强度可通过改变管电压和管电流的大小来进行调节。

X 射线主要具有以下性质：
1）不可见，以光速直线传播。
2）不带电，不受电场和磁场的影响。
3）穿透力强，可穿透骨骼、金属等，并在物质中有衰减。
4）可使物质电离，能使胶片感光，亦能使某些物质产生荧光。
5）能起生物效应，伤害和杀死细胞。

这里没有列入与检验关系不大的射线性质，例如反射、干涉现象等。

二、γ 射线的产生及性质

γ 射线是由放射性物质（^{60}Co、^{192}Ir 等）内部原子核在自然衰变过程中产生的。

所谓衰变，就是具有放射性物质的原子核，会自发地放射出某种粒子（α、β 或 γ）而能量逐渐减少的现象。

放射性物质的衰变与物理及化学条件无关。虽然放射性物质的衰变速度有的很快，有的很慢，但是对于一定的放射性物质，其衰变速度是恒定的，此称为该放射性物质的衰变常数。因此，对于固定的 γ 射线源，其能量不能改变，衰变概率也不能控制。

工业上使用的 γ 射线是由 γ 射线机产生的。γ 射线机按其结构形式分为携带式、移动式和爬行式三种。携带式 γ 射线机多用 ^{192}Ir 作为射线源，适用于较薄件的检测；移动式 γ 射线机多用 ^{60}Co 作为射线源，用于厚件检测；爬行式 γ 射线机主要用于野外焊接管线检测。γ 射线机如图 2-2 所示。

γ 射线的性质与 X 射线性质相似，由于其波长比 X 射线短，因而射线能量高，具有更大的穿透力。例如，目前应用最广的 γ 射线源是 ^{60}Co，它可检测 250mm 厚的铜质工件、350mm 厚的铝制件或 300mm 厚的钢制件。

图 2-2　γ 射线机
a) ^{192}Ir 射线机　b) ^{60}Co 射线机

三、射线的衰减

射线通过物质时，由于物质对射线有吸收和散射作用，因此引起射线能量的衰减。

物质对射线的吸收是射线与物质内部原子中的电子相互碰撞而使射线消耗能量的结果。物质的厚度越大，则射线通过物质时与原子中的电子碰撞机会就越多，射线能量的损耗也就越大，即物质对射线的吸收随物质厚度的增加而增加。

射线的散射是射线通过物质后有部分射线方向发生变化的结果，实质上是入射射线将自身能量传给电子，而电子又将该能量转化为与入射射线波长相同的散射射线。在射线照相时，散射射线会使底片模糊。因此，检测时必须对散射射线进行遮蔽才能获得清晰的底片。

射线在物质中的衰减程度取决于物质的厚度及该物质的衰减系数 μ。一般情况下，物质厚度越大，衰减系数 μ 越大，射线穿过物质后衰减就越多。

射线的衰减是射线检测的基础。

第二节　射线检测方法及原理

射线检测按其所使用的射线源种类不同，分为 X 射线检测和 γ 射线检测；按其显示缺陷的方法不同，又可分为射线照相法、射线荧光屏观察法、射线电离法和射线实时成像检验。

一、射线照相法

射线在穿透物质过程中会与物质发生相互作用，因吸收和散射而使其强度减弱。射线强度衰减程度取决于物质的衰减系数和厚度。如果被透照物体（工件）局部有缺陷，由于缺陷处介质的衰减系数与工件的衰减系数不同，该局部区域透过的射线强度就会与周围产生差异，存在强度差异的射线使胶片感光程度不同，在经暗室处理后得到的射线底片上即显示出缺陷影像。

如图 2-3 所示，平行射线束穿过工件时，由于缺陷内部介质（空气、非金属夹渣等）对射线的吸收能力比金属对射线的吸收能力要低得多，因而透过缺陷部位（图中 A、B）的射线强度高于周围完好部位（如 C 处）。在感光胶片上，有缺陷部位将接受较强的射线曝光，经暗室处理后在底片上将变得较黑（图中 A、B 处黑度比 C 处大）。因此，工件中的缺陷通过射线照相后，就会在底片上产生黑色缺陷影像。这种缺陷影像的大小实际上就是工件中缺陷在投影面上的大小。

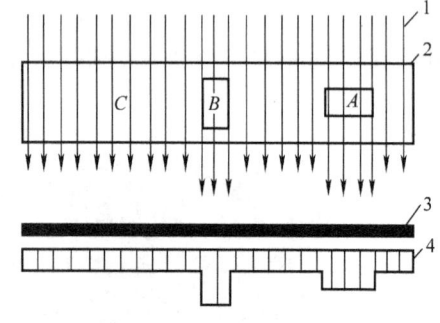

图 2-3　射线照相法原理
1—X 射线　2—工件
3—胶片　4—底片黑度变化

值得注意的是，缺陷在底片上的显示与缺陷和射线之间相对位置有关。由图 2-3 可知，缺陷沿射线方向尺寸越大，在底片上缺陷影像黑度就越大，如 B 处黑度比 A 处大。因此，像裂纹类的缺陷，若其长度方向与射线平行则容易发现，若垂直则不易发现，甚至不能显示出来。

二、射线荧光屏观察法

射线荧光屏观察法是将透过被检物体后的不同强度的射线，再投射

射线检测原理

在涂有荧光物质的荧光屏上，激发出不同强度的荧光而得到物体内部的图像。此法所用设备主要由X射线发生器及其控制设备、荧光屏、观察和记录用的辅助设备、防护及传送工件的装置等几部分组成。检验时，把工件送至观察箱上，X射线管发出的射线透过被检工件，照射到与之毗邻的荧光屏上，显示的缺陷影像经平面镜反射后，通过平行于镜子的铅玻璃观察，如图2-4所示。

射线荧光屏观察法与射线照相法不同之处，在于它反映缺陷不是用底片而是用荧光屏；同时，缺陷的图像不是底片上的黑色影像，而是荧光屏上的发光图像，故不需暗室处理，从而节省大量胶片和工时。因此，射线荧光屏观察法不仅能降低成本，还能对工件进行连续检验，并迅速得出结果。但该方法只能检验较薄且结构简单的工件，同时灵敏度较差，射线荧光屏观察法与射线照相法的灵敏度曲线如图2-5所示。射线荧光屏观察法相对灵敏度为2%~3%，大量检验时，相对灵敏度最高只能达到4%~7%，因此微小裂纹是无法发现的。

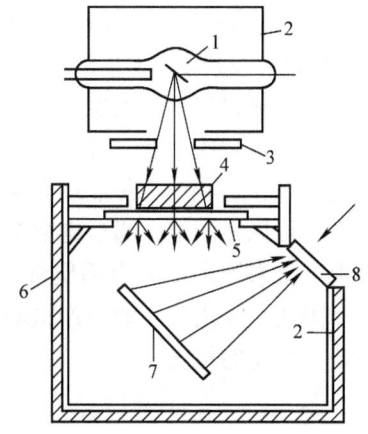

图2-4 射线荧光屏观察法示意图
1—X射线管 2—防护罩 3—铅遮光罩
4—工件 5—荧光屏 6—观察箱
7—平面反射镜 8—铅玻璃

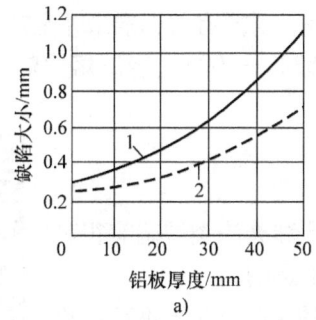 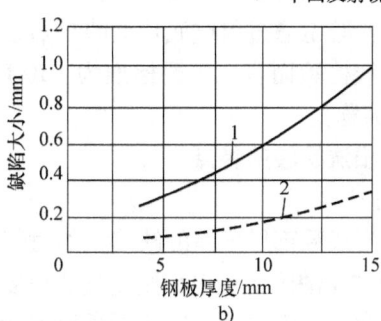

图2-5 射线荧光屏观察法与射线照相法的灵敏度曲线
a）铝板 b）钢板
1—射线荧光屏观察法 2—射线照相法
注：缺陷大小反映了灵敏度大小，参见后续有关灵敏内容。

射线荧光屏观察法的灵敏度取决于荧光物质的粒度、荧光屏的涂层厚度以及X射线管的焦点大小和检测规范。

三、射线电离法

射线电离法是利用射线电离作用和借助电离探测器，使被电离的气体形成电离电流，通过电离电流的大小来反映射线的强弱。当工件存在缺陷时，作用到电离箱的射线强度发生变化，产生的电离电流的大小也随之发生变化。

射线电离法检验原理如图2-6所示，当工件内部有缺陷时，透过工件的射线强度比无缺陷时要大，射线作用于探测器后，从指示器上观察到的数值比无缺陷时的大，从而可以判断出缺陷的存在。如果将工件相对于射线源和接收器移动，即可检验整个工件的内部情况。

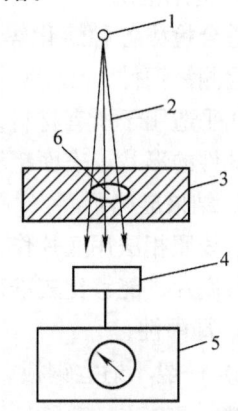

图2-6 射线电离法检验原理
1—射线源 2—射线束 3—工件
4—电离箱 5—放大器及指示器
6—缺陷

射线电离法的优点是：①能对产品进行连续检验。②可在距射线源较远的安全地方观察检验结果。③对厚壁工件检验的时间比照相法短，因而工作效率高。

射线电离法的缺点是：①灵敏度低，不能发现细小缺陷，因此不适合焊缝检验。②只能判断出缺陷的存在和相对大小，而无法知道内部缺陷的性质和形状。③不适合检查厚度变化的工件。

四、射线实时成像检验

射线实时成像是一种在射线透照的同时即可观察到所产生的图像的检验方法。这种方法的主要过程是利用小焦点或微焦点的 X 射线源透照工件，再利用一定的器件将 X 射线图像转换为可见光图像，通过电视摄像机摄像后，将图像或直接显示或通过计算机处理后显示在监视屏上来评定工件内部质量。该检验方法具有快速、高效、动态、多方位在线检测等优点。因此，除用于工业生产检验外，该检验方法还广泛应用于车站、海关的安全检查及食品包装夹杂物的检查。

第三节　射线照相法检验

射线照相法检验具有灵敏度高、射线底片可作为质量凭证长期保存、适用范围广等优点，目前在国内外射线检验中，尤其是在锅炉、压力容器的制造检验中得到广泛应用。

射线照相法检验是通过射线底片上的缺陷影像，对照有关标准来评定被检工件内部质量的。对于焊件射线检验而言，主要标准为 GB/T 3323—2005《金属熔化焊焊接接头射线照相》（下略标准名称）。

一、射线照相法检验的特点

1. 灵敏度高

容易检出能形成局部厚度差的缺陷，如对气孔和夹渣类缺陷有很高的检出率（对裂纹类缺陷的检出率则受透照角度的影响）。

所能检出的缺陷高度尺寸可以达到透照厚度的 1%（几乎不存在检测厚度下限），甚至更小；所能检出的长度和宽度尺寸分别为毫米数量级和亚毫米数量级，甚至更小。

实验一　任务书

2. 适用范围广

适合检测各种熔化焊接方法（电弧焊、气体保护焊、电渣焊、气焊等）的对接接头，也能检测铸钢件，在特殊情况下也可用于检测角焊缝或其他一些特殊结构试件。

几乎适用于所有材料，在钢、钛、铜、铝等金属材料上使用均能得到良好的效果。该方法对试件的形状、表面粗糙度没有严格要求，材料晶粒度对其不产生影响。

3. 结果准确可靠

射线照相法用底片作为记录介质，可以直接得到缺陷的直观图像，且可以长期保存。通过观察底片，能够比较准确地判断出缺陷的性质、数量、尺寸和位置。

4. 局限性

1）一般不适宜钢板、钢管、锻件的检测，也较少用于钎焊、摩擦焊等焊接方法的接头的检测。

2）检测厚度上限受射线穿透能力的限制。

3）检测成本较高，检测速度较慢，射线对人体有伤害，需要采取防护措施。

二、射线照相法检验系统的组成

射线照相法检验系统的组成如图 2-7 所示。

1. 射线源

射线源可以是 X 射线机或 γ 射线机。X 射线机如图 2-8 所示。

2. 射线胶片与暗盒

射线胶片不同于一般胶片之处在于片基的两面均涂有乳剂,以增加对射线敏感的卤化银含量,其结构如图 2-9 所示。

通常按卤化银颗粒粗细和感光速度快慢,对射线胶片进行分类,表 2-1 列出了工业 X 射线胶片的种类和特征。检测时可按检验的质量和像质等级来选择合适的胶片。

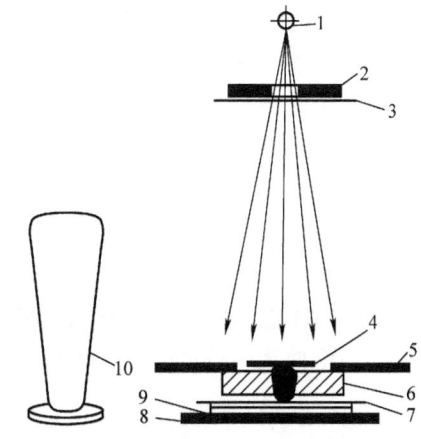

图 2-7 射线照相法检验系统的组成
1—射线源 2—铅光阑 3、7—滤板 4—像质计、标记带 5—遮板 6—工件 8—底部铅板 9—暗盒、胶片、增感屏 10—铅罩

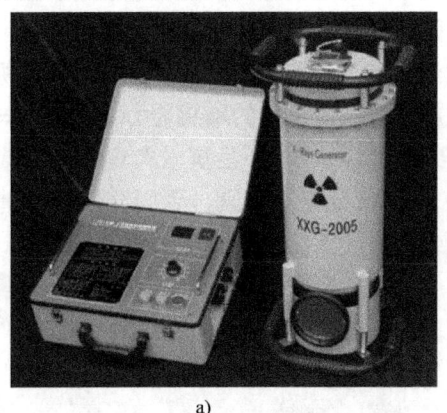
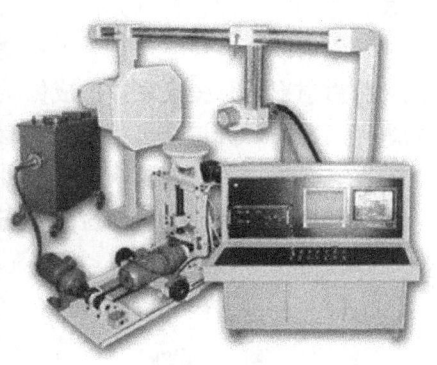

a) b)

图 2-8 X 射线机
a) 便携式 X 射线机 b) 移动式 X 射线机

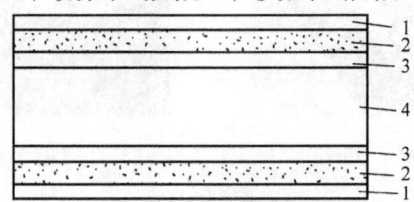

图 2-9 射线胶片结构
1—保护层 2—乳剂层 3—结合层 4—片基

表 2-1 工业 X 射线胶片的种类和特征

类型	特征				性能类似的牌号			备注
	粒度	反差	感光速度	成像质量	天津	富士	柯达	
J_1	超微粒	很高	慢	最佳	—	50	R、M	不用增感或与铅增感屏配合使用
	微粒	高	较慢	佳	V	80	T	
J_2	细粒	中	中	良	Ⅲ	100	AA、AX	
J_3	粗粒	低	快	较差	Ⅱ	400	BB	与荧光增感屏配合

在实际检验时胶片是放在暗盒内的。暗盒（图 2-10）的作用是保护胶片不受光照和机械损伤，其大小由胶片尺寸决定。暗盒通常采用对射线吸收不明显的柔软材料（如不透明橡胶或不透明黑塑料袋）制成，能很好地弯曲并能贴紧工件。

3. 增感屏

射线胶片对射线的吸收率是很低的，一般只能吸收射线强度的 1%，其余绝大部分射线穿过胶片而损失掉，这将使透照时间大大延长。为了提高胶片的感光速度，缩短曝光时间，通常在胶片两侧夹一增感屏。

增感屏的增感能力常用其增感系数来表示。增感系数是指在一定条件下，为使底片得到相同的黑度，不使用增感屏时所需的曝光时间 t_0 与使用增感屏时所需的曝光时间 t 的比值 K，即

$$K = \frac{t_0}{t}$$

射线照相法中广泛使用金属增感屏（图 2-11），它是由金属箔（常用铅、钢或铜等）粘合在纸基或胶片片基上制成的。其增感作用主要是通过增感屏被射线透射时产生的二次电子和二次射线，它们对胶片也有感光作用，从而来增加胶片的感光速度。同时，金属增感屏对波长较长的散射射线又有吸收作用（又称滤波作用）。因此，金属增感屏不仅能提高感光速度，还能吸收散射射线，提高底片的成像质量。金属增感屏的增感能力一般为 $K = 2 \sim 7$。

金属增感屏有前后之分。前屏（靠近射线源一面）较薄，后屏较厚。其厚度应根据射线能量进行选择，见表 2-2。金属增感屏在使用时应与胶片贴紧，否则会使底片清晰度下降。另外，增感屏应保持清洁，表面避免划伤或磨损。

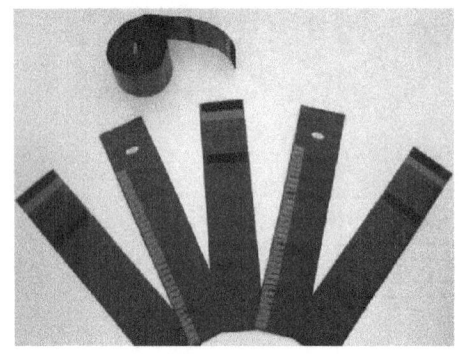
图 2-10　暗盒

图 2-11　金属增感屏

表 2-2　金属增感屏的选用

射线种类	射线能量	增感屏材料	前屏厚度/mm	后屏厚度/mm
X 射线	<120kV	铅	—	≥0.10
	120～250kV	铅	0.025～0.125	≥0.10
	250～400kV	铅	0.05～0.16	≥0.10
γ 射线	^{192}Ir	铅	0.05～0.16	≥0.16
	^{60}Co	铅、钢、铜	0.50～2.00	0.25～1.00

4. 像质计

像质计是用来定量评价射线检测的灵敏度的，有线型、孔型和槽型三种。线型像质计（缩写 IQI）由相同材质和长度的不同直径金属丝组成，以七根编号连续的金属丝为一组，共分为 W1~W7、W6~W12、W10~W16、W13~W19 四组，其型号和规格应符合 JB/T 7902—2015《无损检测 线型像质计通用规范》的规定，见表 2-3，并且放置方式应符合要求。不同材质线型像质计的标志和适用范围见表 2-4。线型像质计的正确放置位置如图 2-12 所示。

表 2-3 线型像质计的组别和规格

像质计组别				像质计数值			金属丝间距 a /mm	金属丝长度 l /mm	与标志间距 a' /mm
W1	W6	W10	W13	丝号	丝径/mm	允许偏差/mm			
×				W1	3.20	±0.03	9.6^{+1}_{0}	25 或 50	5.0^{+1}_{0}
×				W2	2.50		7.5^{+1}_{0}		
×				W3	2.00		6.0^{+1}_{0}		
×				W4	1.60	±0.02	5.0^{+1}_{0}		
×				W5	1.25				
×	×			W6	1.00				
×	×			W7	0.80	±0.01			
	×			W8	0.63				
	×			W9	0.50				
	×	×		W10	0.40				
	×	×		W11	0.32				
	×	×		W12	0.25				
		×	×	W13	0.20				
		×	×	W14	0.16				
		×	×	W15	0.125				
		×	×	W16	0.100				
			×	W17	0.080	±0.005			
			×	W18	0.063				
			×	W19	0.050				

表 2-4 不同材质线型像质计的标志和适用范围

像质计组别标志	像质计丝号	金属丝材质	适用范围
W1 FE	W1~W7	碳素钢	铁类材料
W6 FE	W6~W12		
W10 FE	W10~W16		
W13 FE	W13~W19		
W1 CU	W1~W7	铜	铜、锌、锡及锡合金
W6 CU	W6~W12		
W10 CU	W10~W16		
W13 CU	W13~W19		

(续)

像质计组别标志	像质计丝号	金属丝材质	适用范围
W1 AL	W1~W7	铝	铝及铝合金
W6 AL	W6~W12		
W10 AL	W10~W16		
W13 AL	W13~W19		
W1 TI	W1~W7	钛	钛及钛合金
W6 TI	W6~W12		
W10 TI	W10~W16		
W13 TI	W13~W19		

5. 标记系

标记系可使每张底片与工件被检部位始终对照，易于找出返修位置，如图2-13所示。标记系的内容主要有：

（1）定位标记 包括中心定位标记、搭接标记。

（2）识别标记 包括工件编号、焊缝编号、部位编号、返修编号等。

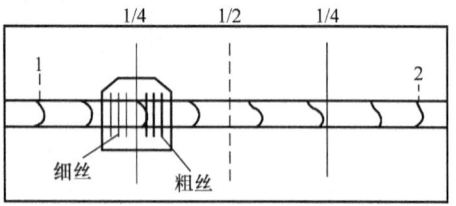

图2-12 线型像质计的正确放置位置
（1~2为被检区）

（3）B标记 该标记应贴附在暗盒背面，用以检查背面散射射线防护效果。若在较黑背景上出现"B"的较淡影像，应予重照。

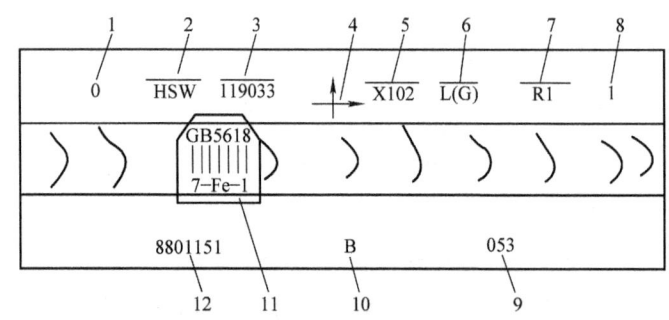

图2-13 各种标记相互位置（标记系）

1,8—定位及分编号（搭接标记） 2—制造厂代号 3—产品令号（合同号） 4—中心定位标记
5—工件编号 6—焊缝类别（纵、环缝） 7—返修次数 9—操作者代号 10—B标记 11—像质计 12—检验日期

6. 散射射线防护装置

散射射线会使射线底片灰雾度（未经曝光的胶片经暗室处理后获得的最小黑度）增加，影像对比度降低，降低射线照相质量。因此，在射线检测时应采取措施对散射射线加以防护。具体使用以下装置。

（1）铅罩 附加在射线机窗口的铅罩，既可限制射线照射区域大小和得到合适的照射量，又能减少来自其他物体（试件、暗盒、墙壁、地面等）的散射作用，从而在一定程度上减少散射线。

(2) 铅遮板　放置在工件表面和周围，能有效屏蔽前方散射射线（来自暗盒正面的散射射线）。

(3) 底部铅板　底部铅板又称后防护铅板，用于屏蔽后方散射射线（来自暗盒背面的散射射线）。

(4) 滤板　滤板的作用主要是吸收掉 X 射线中那些波长较长的谱线，这些谱线对底片上影像形成作用不大，却往往引起散射射线。滤板的材料通常为铜、黄铜或铅，其厚度应合适。透照钢件时，铜滤板的厚度应小于试件最大厚度的 20%，铅滤板的厚度应小于试件最大厚度的 3%。

三、射线照相法检验条件的选择

1. 像质等级的选择

射线透照技术等级是对射线检测本身的质量要求。GB/T 3323—2005 将射线透照技术分为两个等级：

1) A 级，普通级。
2) B 级，优化级。

标准规定，当 A 级灵敏度不能满足检测要求时，应采用 B 级透照技术。

不同的像质等级对射线底片的黑度、灵敏度均有不同的规定。为达到其要求，需从探伤器材、方法、条件和程序等方面预先进行正确选择和合理布置。

对给定工件进行射线照相法检验时，应根据有关规程和标准要求选择适当的像质等级。

2. 灵敏度的选择

灵敏度是评价射线照相质量的最重要指标，它标志着射线检验时发现最小缺陷的能力，一般以在工件中能发现的最小缺陷尺寸来表示。由于事先无法了解沿射线穿透方向上的最小缺陷尺寸，因此必须采用已知尺寸的人工"缺陷"——像质计来度量。

GB/T 3323—2005 规定，射线照相灵敏度以像质指数表示，它等于底片上能识别出的最细钢丝的线编号。该标准同时规定了不同像质等级和透照厚度所需达到的像质指数，见表 2-5。

表 2-5　线型像质计的选用

像质计数值		透照厚度（公称厚度）t/mm	
应识别的丝径/mm	应识别的丝号	A 级	B 级
0.050	W19		$t \leq 1.5$
0.063	W18	$t \leq 1.2$	$1.5 < t \leq 2.5$
0.08	W17	$1.2 < t \leq 2.0$	$2.5 < t \leq 4.0$
0.100	W16	$2.0 < t \leq 3.5$	$4.0 < t \leq 6.0$
0.125	W15	$3.5 < t \leq 5.0$	$6.0 < t \leq 8.0$
0.16	W14	$5.0 < t \leq 7.0$	$8.0 < t \leq 12$
0.20	W13	$7.0 < t \leq 10$	$12 < t \leq 20$
0.25	W12	$10 < t \leq 15$	$20 < t \leq 30$
0.32	W11	$15 < t \leq 25$	$30 < t \leq 35$
0.40	W10	$25 < t \leq 32$	$35 < t \leq 45$
0.50	W9	$32 < t \leq 40$	$45 < t \leq 65$
0.63	W8	$40 < t \leq 55$	$65 < t \leq 120$
0.80	W7	$55 < t \leq 85$	$120 < t \leq 200$
1.00	W6	$85 < t \leq 150$	$200 < t \leq 350$
1.25	W5	$150 < t \leq 250$	$t > 350$
1.6	W4	$t > 250$	

3. 射线能量的选择

射线能量的选择实际上是对 X 射线源的管电压（kV）或 γ 射线源的种类的选择。射线能量越大，其穿透能力越强，即可透照的工件厚度越大，但同时也会由于衰减系数的降低而导致成像质量下降。所以在保证穿透的前提下，应根据材质和成像质量要求，尽量选择较低的射线能量。GB/T 3323—2005 对允许使用的最高管电压和透照厚度的下限均做了规定。500kV 以下的 X 射线机透照不同材料和不同厚度时，所选用的最高管电压应符合图 2-14 的规定。对某些被检区内厚度变化较大的工件透照时，可使用稍高于图示的管电压，但管电压不可过高。不同材料的最高管电压许用增量为：钢最高允许提高 50V、钛最高允许提高 40V、铝最高允许提高 30V。

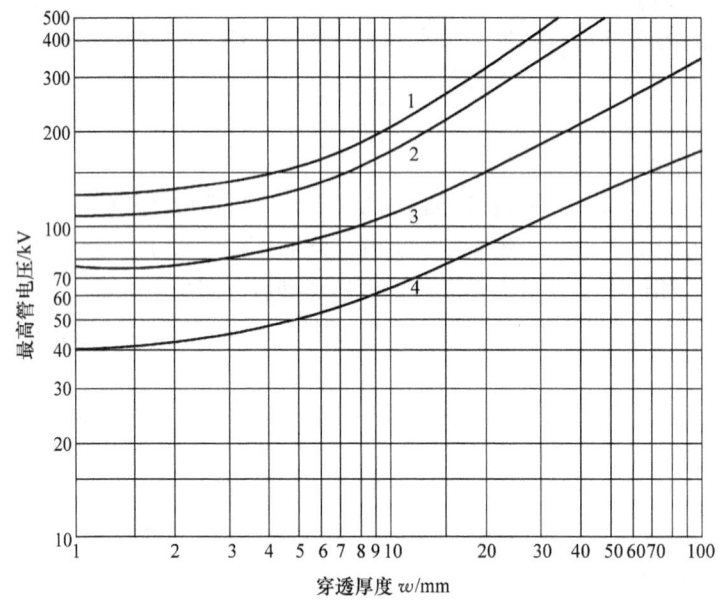

图 2-14　500kV 以下 X 射线机透照不同材料和不同厚度所允许使用的最高管电压
1—铜、镍及其合金　2—钢　3—钛及其合金　4—铝及其合金

γ 射线和 1MeV 以上的 X 射线对钢、铜和镍基合金所适用的透照厚度范围见表 2-6。

表 2-6　γ 射线和 1MeV 以上的 X 射线对钢、铜和镍基合金所适用的透照厚度范围

射线种类	透照厚度 w/mm	
	A 级	B 级
^{170}Tm	$w \leqslant 5$	$w \leqslant 5$
^{169}Yb	$1 \leqslant w \leqslant 15$	$2 \leqslant w \leqslant 12$
^{75}Se	$10 \leqslant w \leqslant 40$	$14 \leqslant w \leqslant 40$
^{192}Ir	$20 \leqslant w \leqslant 100$	$20 \leqslant w \leqslant 90$
^{60}Co	$40 \leqslant w \leqslant 200$	$60 \leqslant w \leqslant 150$
X 射线 1~4MeV	$30 \leqslant w \leqslant 200$	$50 \leqslant w \leqslant 180$
X 射线 >4~12MeV	$w \geqslant 50$	$w \geqslant 80$
X 射线 >12MeV	$w \geqslant 80$	$w \geqslant 100$

4. 透照几何参数的选择

(1) 焦点 焦点是指射线机上集中发射射线的地方，其大小对底片的清晰度（即定性地表示底片影像细节清晰程度）影响很大，因而影响检测的灵敏度。如图 2-15 所示，当焦点为点状时，得到的缺陷影像最清晰，底片上的黑度由 D_2 急剧过渡到 D_1；而当焦点为直径 d 的圆截面时，缺陷在底片上的影像将存在黑度逐渐变化的区域 u_g，称为半影，它使得缺陷的影像边缘变得模糊而降低底片的清晰度，且焦点越大，半影也越大，成像就越不清晰。由于半影 u_g 是由焦点的几何尺寸造成的，因此通常用半影 u_g 的数值来表示几何不清晰度的大小。

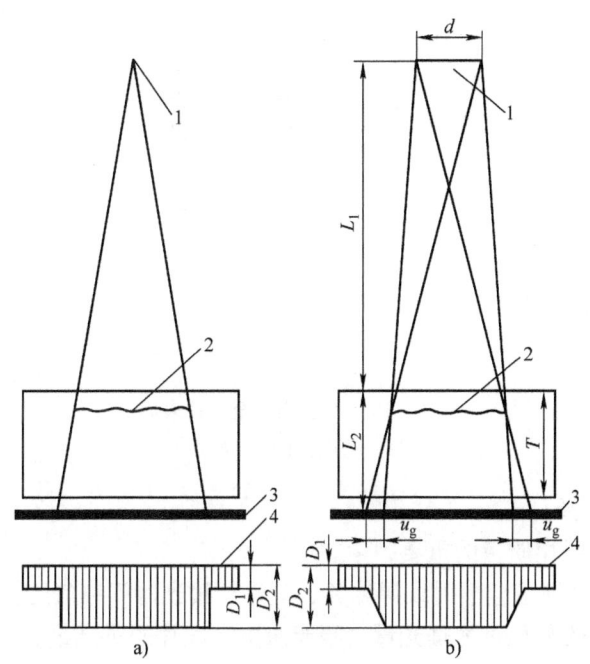

图 2-15　射线照相几何关系
a) 焦点为点状　b) 焦点为直径 d 的圆截面
1—射线源（焦点）　2—缺陷　3—胶片　4—底片黑度变化

由于射线源的焦点实际上并不是一个"点"，而是具有一定的几何尺寸，在探伤中必然会产生几何不清晰度，因此检测时应尽可能选择焦点小的射线源。

(2) 透照距离 透照距离是指焦点至胶片的距离 F，又称焦距。显然，焦距也会影响清晰度。

目前在国内外射线检测标准中，均依几何不清晰度原理使用诺模图（图 2-16 所示）来确定（最小）透照距离。以获得 A 级射线照相底片为例，若射线源焦点尺寸 $d=3\text{mm}$，工件表面至胶片距离（胶片紧贴工件时即为工件厚度）$L_2=40\text{mm}$。在图 2-16 中 d 线上找到"3"刻度，在 L_2 线上找到"40"刻度，连接这两点交于中间 L_1 线上的"260"刻度处，则射线源焦点至工件表面的最小距离应为 260mm。因此，最小透照距离应为 $F=(260+40)\text{mm}=300\text{mm}$。

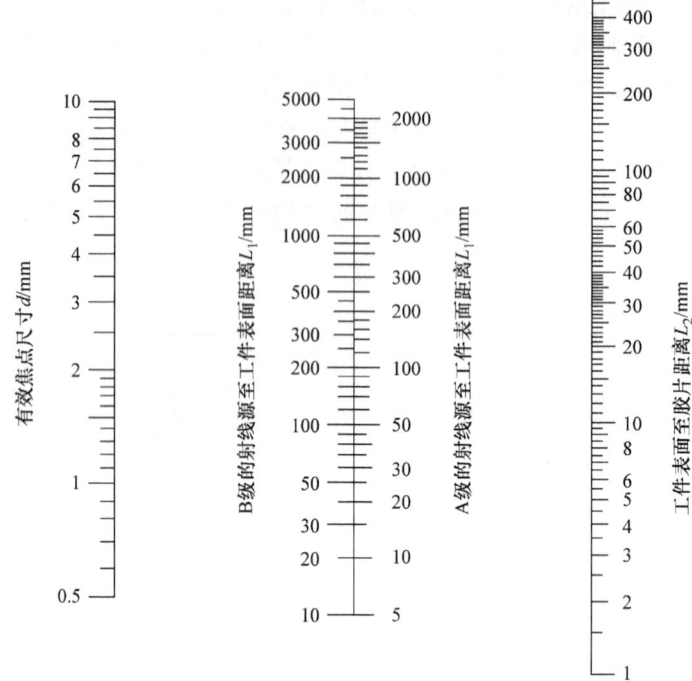

图 2-16 确定焦点至工件表面
距离的诺模图（AB 级）

5. 曝光规范的选择

曝光规范是影响照相质量的重要因素。

γ射线检测的曝光规范包括射线源种类、剂量、曝光时间和焦距。射线剂量反映了射线强度，它和曝光时间的乘积称为曝光量。曝光量决定底片的感光量，即直接影响底片黑度。

X射线检测的曝光规范包括管电压、管电流、曝光时间和焦距。其中管电流和曝光时间的乘积称为曝光量。

射线检测中利用曝光曲线进行曝光规范的选择最为实用和方便。曝光曲线是表示工件（材质和厚度）与工艺规范（管电压、管电流、曝光时间、焦距、暗室处理条件等）之间相关性的曲线图示。由于二维坐标图只能表示三个相关的参数，因此在构成曝光曲线时，只能选择工件厚度、管电压和曝光量作为可变参数，其他条件必须相对固定。X射线的曝光曲线如图2-17所示。

曝光曲线是由探伤机制造厂给出或由检验人员自己用试验方法绘制。由检验人

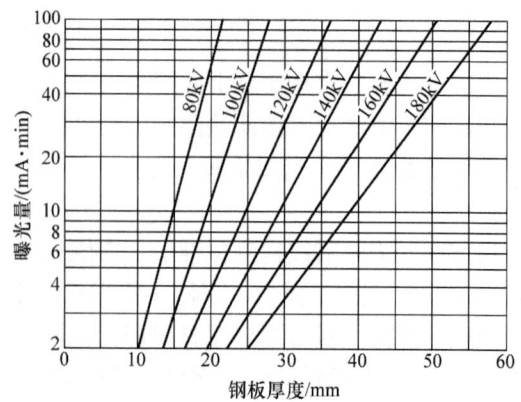

图 2-17 X射线的曝光曲线

员自己绘制的曝光曲线更为实用。但任何曝光曲线只用于一组特定的条件。只有当实际拍片所使用的条件与绘制曝光曲线的条件完全一致时，才能从该曲线上直接读出曝光量。任何条件的改变都应对曝光量进行修正。

例如，改变焦距时，可用下式来计算曝光时间

$$t_2 = \left(\frac{F_2}{F_1}\right)^2 t_1$$

式中　F_1、t_1——曝光曲线所示的焦距、曝光时间；

　　　F_2、t_2——修正后可采用的焦距、曝光时间。

6. 透照方式的选择

进行射线检测时，为了彻底地反映工件接头内部缺陷的存在情况，应根据焊接接头形式和焊件的几何形状合理选择透照方式。

（1）对接接头焊缝　应根据坡口形式确定照射方向，如图 2-18 所示。

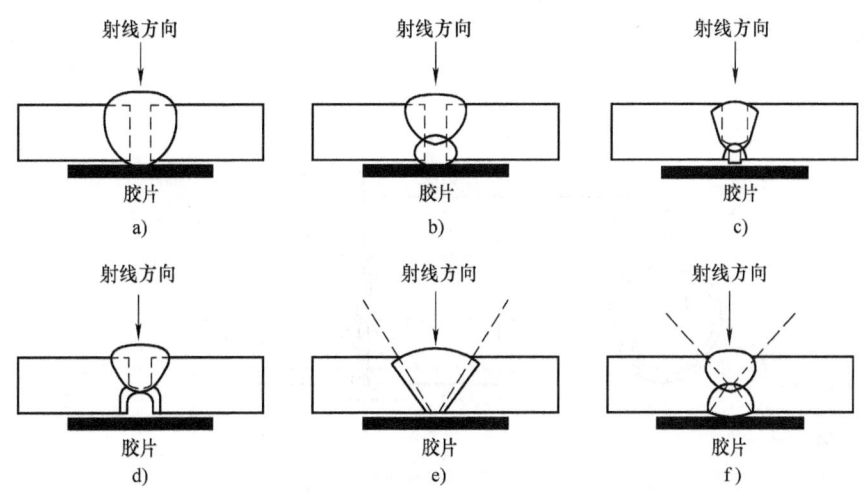

图 2-18　常用对接焊缝的透照方式示意图

（2）角接接头焊缝　简单角接接头的透照方式如图 2-19 所示。

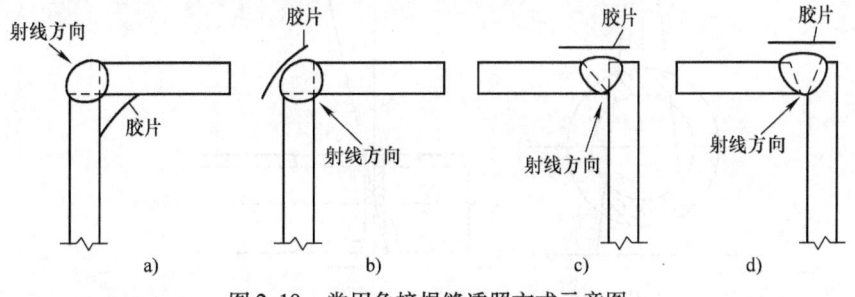

图 2-19　常用角接焊缝透照方式示意图

（3）管件对接焊缝　根据射线源、焊件和胶片之间的相互位置，管件对接焊缝的透照方式分为外透法、内透法、双壁单影法和双壁双影法四种，如图 2-20 所示。

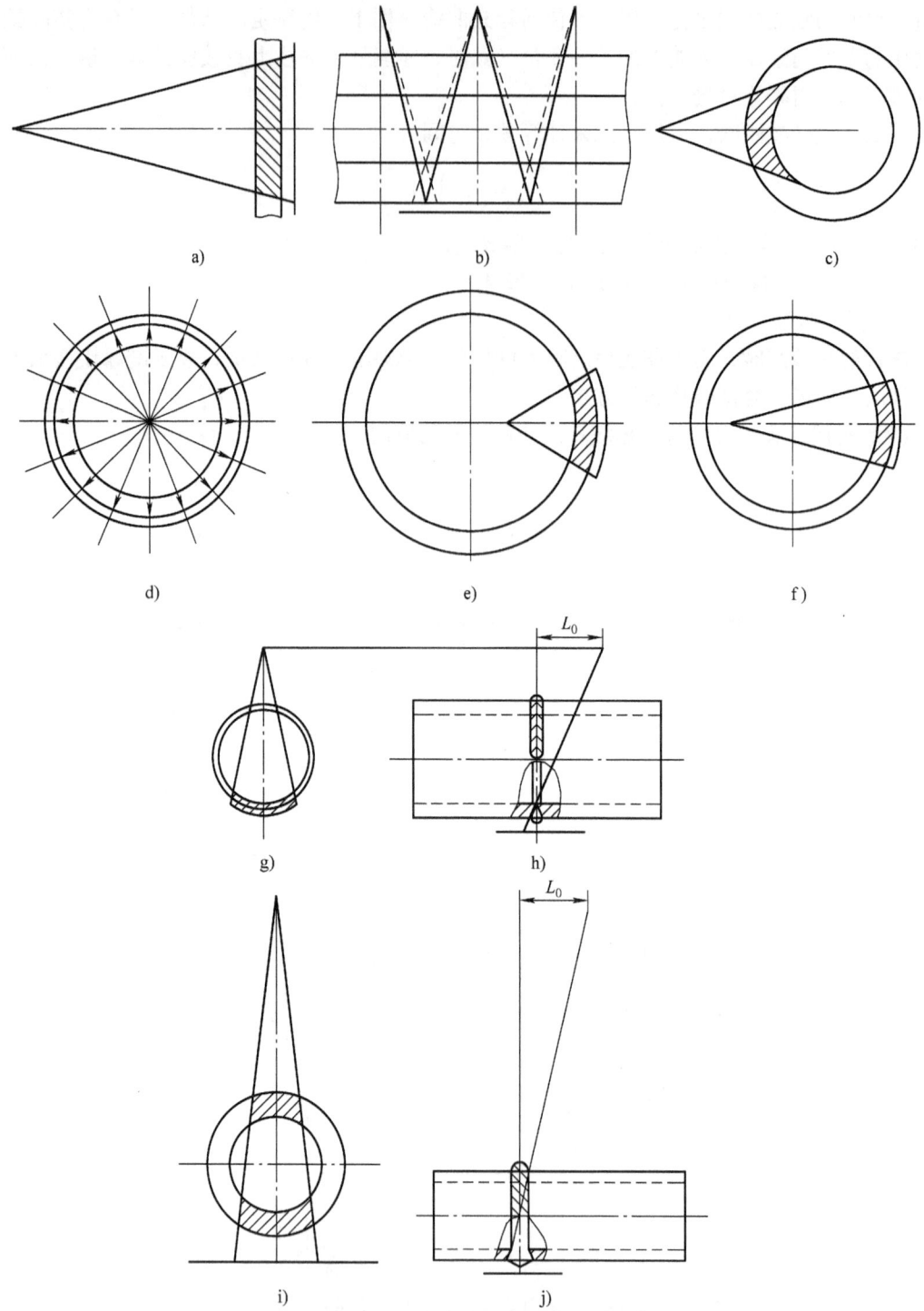

图 2-20 常用管件对接焊缝透照方式示意图
a) 直缝单壁透 b) 直缝双壁透 c) 环缝外透 d) 环缝内透（中心法） e) 环缝内透（内偏心法 $F<R$）
f) 环缝内缝（外偏心法 $F>R$） g) 环缝双壁单影 h) $L_0=0$ 时为直透法
i) 环缝双壁双影 j) $L_0=0$ 时为直透法

这些透照方式分别适用于不同的场合，其中单壁透照是最常用的透照方法；双壁透照一般用在射线源或胶片无法进入内部的小直径容器和管道的焊缝照相；双壁双影法一般只用于直径在89mm以下的管子的环焊缝照相；双壁双影直透法则多用于直径小于20mm的环焊缝照相。

7. 一次透照长度的控制

一次透照长度是指焊缝射线照相一次透照的有效检验长度，对照相质量和工作效率同时产生影响。显然，选择较大的一次透照长度可以提高效率，但会引起照相质量的下降。

X射线管发出的X射线是以一定辐射角向外辐射，且其照射范围内的射线强度分布不均匀，如图2-21所示；同时，以射线束垂直照射工件表面时，射线束中心射线透照的工件厚度小于边缘射线透照的工件厚度，如图2-22所示。上述两个原因会造成照射底片的射线照射强度不均匀，从而使底片黑度不均匀（中间部位黑度高于两端部位），照相时若使底片中间部位黑度适中，则两端将会因为黑度过低而降低影像对比度，使位于两端的缺陷有可能漏检，尤其是横向裂纹，因此要控制透照厚度比。透照厚度比表达式为

$$K = \frac{t'}{t}$$

式中　t'——边缘射线束穿透工件厚度（mm）；

　　　t——中心射线束穿透工件厚度（mm）。

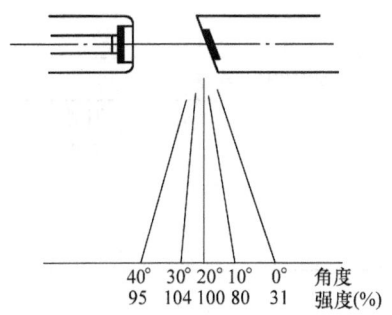

图2-21　X射线照射范围内的射线强度分布

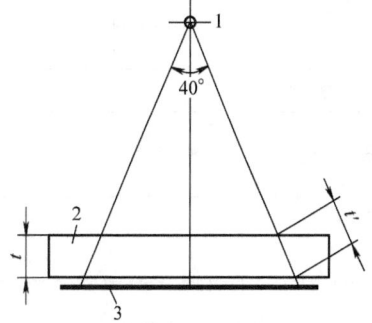

图2-22　透照厚度差
1—射线源　2—工件　3—胶片

GB/T 3323—2005标准中规定，焊缝的透照厚度比K值，A级不大于1.2，B级不大于1.1。对透照厚度比值的限制，实际上是对每一次透照长度的限制。检验时可以根据射线源的特点及K值确定出一次透照长度的大小。

四、焊缝透照工艺

1. 透照工艺卡

透照工艺卡是指导给定试件透照工作的工艺卡片，该卡片给出了与透照有关的技术数据。

透照工艺卡包括以下五个部分的内容。

（1）试件原始数据　包括试件名称（编号）、类别、材质、规格尺寸、焊接方法、坡口形式、透照焊缝及部位（编号）以及草图等。

（2）规范标准数据　包括试件质量验收标准和照相技术标准、照相质量等级、检查比

例、底片质量要求等。

（3）透照技术数据　包括选定的设备、材料、透照方式，射线能量、焦距以及其他曝光参数等。

（4）特殊的技术措施及说明　对复杂的试件或特殊的工作条件，有时需要增加一些措施并加以说明。

（5）有关人员签字

表2-7为透照工艺卡的一种形式，在实际检验时可以参考使用。

表2-7　射线照相检验透照工艺卡

产　　品	名　称		材　料		类　别		编　号	
	透照部位		厚　度		质量标准		照相标准	
设备器材	射线源		焦点		像质计		增感屏	
	胶片型号		尺寸		暗室处理			
透照参数		工件草图与透照部位编号			透照布置示意图			
管电压								
焦　距								
曝光量								
透照长度								
像质指数								
黑　度								
辅助措施		使用背防护铅板						
备　注						编制：		
						审核：		
更改记录：						批准：		
						单位：		
						年　月　日		

2. 焊缝透照的基本操作

透照操作应严格遵守工艺规定、操作程序，基本内容及有关要求如下。

（1）试件检查及清理　试件上如有妨碍射线穿透或贴片的附加物，应尽可能去除；表面如有可能产生掩盖焊缝缺陷图像的不规则状态，应对表面进行打磨修整。

（2）划线　按照工艺文件规定的检查部位、比例、一次透照长度，在工件上划线。

（3）像质计和标记摆放　按照标准和工艺的有关规定摆放像质计和各种标记。标记应放在适当位置，距焊缝边缘应不少于5mm。

（4）贴片　采用可靠的方法（磁铁、绳带等）将胶片和暗盒固定在被检位置上，胶片应与工件表面紧密贴合，尽量不留间隙。

（5）对焦　将射线源安放在适当位置，使射线束中心对准被检区中心，并使焦距符合工艺规定。

（6）散射线防护　按工艺的有关规定执行散射线的防护措施。

（7）曝光　在以上各步骤完成后，在确定现场射线防护安全符合要求后，方可按照工艺规定的参数和仪器操作规则进行曝光。

曝光后的胶片应及时进行暗室处理。

五、胶片的暗室处理

暗室处理是将曝光后具有潜像的胶片变为能长期保存的可见像底片的处理过程。它包括显影、停显、定影、水洗和干燥五个步骤。其中显影、停显和定影必须在暗室中进行。暗室内的安全光线为亮度适中的红色光线。

暗室内必须有通风换气设施，以防止室内温度过高和湿度过大而引起胶片变质。

胶片暗室处理的标准条件和操作要点见表2-8。

表2-8 胶片暗室处理的标准条件和操作要点

步骤	温度/℃	时间	药液	操作要点
显影	20±2	4～6min	显影液（标准配方）	预先水洗，过程中适当搅动
停显	16～24	约30s	停显液	充分搅动
定影	16～24	5～15min	定影液	适当搅动
水洗	—	30～60min	水	流动水漂洗
干燥	≤40	—	—	去除表面水滴后干燥

1. 显影

其作用是把胶片中的潜像变成可见像。产生显影作用的药液叫显影液，一般呈碱性。典型显影液的配方及各成分的作用见表2-9。

表2-9 典型显影液的配方及各成分的作用

成分	含量	作用
水（40～50℃）	800mL	
米吐尔	4g	显影剂：起显影作用
对苯二酚	10g	显影剂：起显影作用
无水亚硫酸钠	65g	保护剂：保护显影剂不受氧化
无水碳酸钠	45g	加速剂：加快显影速度
溴化钾	5g	抑制剂：抑制灰雾
加水至总量	1000mL	

2. 停显

当胶片显影到预定时间时，把胶片放到停显液中，显影作用立即被停止。如果不使用停显液，胶片从显影液中拿出来时乳剂上吸满了显影液，显影过程会继续进行，从而造成显影过度；同时，碱性的显影液若被带入酸性的定影液中，会引起定影液浓度降低而影响定影效果，因此定影之前应先将胶片放入酸性的停显液中。停显液一般采用3%～6%（质量分数）的醋酸溶液。

3. 定影

显影后的胶片中，影像虽然可见，但并不稳定。胶片受到光线作用仍会继续曝光而变黑，从而使整个影像变坏。定影就是要除去未感光和未被显影的银盐而使底片的影像固定下来。另外，通过定影液的作用还可使胶片胶膜硬化而不易损坏。

产生定影作用的药液称为定影液。典型定影液的配方及各成分的作用见表2-10。

表 2-10　典型定影液的配方及各成分的作用

成　　分	含　　量	作　　用
水（50℃）	600mL	
海波（硫代硫酸钠）	240g	定影剂：溶解未经显影的溴化银
无水亚硫酸钠	15g	保护剂：结合海波分解产生的硫原子，起防硫作用
醋酸（36%）（质量分数）	39mL	防污剂：中和显影液碱性成分；消除显、定影过程产生的污物
硼酸	7.5g	
明矾（硫酸铝钾）	15g	坚膜剂：使乳剂层坚挺而不易脱落
加水至总量	1000mL	

4. 水洗

胶片经显影、停显、定影等化学反应后，必须进行充分的水洗处理，以除去胶膜上的残留物质。胶片上的影像已清晰可见，且已固定下来，这时的胶片称为底片。水洗时间见表2-8，水洗时间过长，易使乳剂膜脱落；水洗不充分，底片在保存过程中易发黄变质。

实验一　指导书

5. 干燥

底片在水洗后即可进行干燥。干燥的方法有自然干燥和烘箱干燥两种。自然干燥是将底片悬挂起来，在清洁通风的空间晒干；烘箱干燥是把胶片悬挂在烘箱内，用热风烘干，热风温度一般不超过40℃。

底片干燥后即可进行焊缝质量的评定工作。

实验一　实验报告

第四节　焊缝射线底片的评定

射线底片的评定工作简称评片，由经过专业培训获得Ⅱ级或Ⅱ级以上射线探伤资格证书的人员，在评片室内利用观片灯、黑度计等仪器来进行。

评片工作包括底片质量的评定、缺陷的定性和定量、焊缝质量的评级等内容。

一、底片质量的评定

射线照相法探伤是通过射线底片上缺陷影像来反映焊缝内部质量的。底片质量的好坏直接影响到对焊缝质量评价的准确性。因此，只有合格的底片才能作为评定焊缝质量的依据。

合格底片的以下各项指标应符合 GB/T 3323—2005 标准中的规定。

1. 黑度

黑度是指胶片经暗室处理后的黑化程度，它是射线底片质量的一个重要指标，与银含量有关。

射线底片的黑度可用黑度计直接在底片的规定

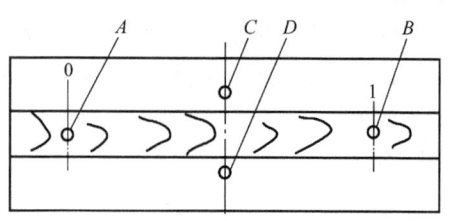

图 2-23　底片黑度测量部位

部位测量，如图 2-23 所示。GB/T 3323—2005 标准规定的各像质等级底片黑度见表 2-11。

表 2-11　底片的黑度

等　　级	底片黑度 D
A 级	≥2.0
B 级	≥2.3

注：测量允许误差为 ±0.1。

2. 灵敏度

射线照相灵敏度是用底片上像质计影像反映的像质指数来表示的。因此，底片上必须有像质计显示，且位置正确，被检测部位必须达到灵敏度要求。

3. 标记系

底片上的定位标记和识别标记应齐全，且不掩盖被检焊缝影像。

注意：若在较黑背景上出现" B "的较淡影像，则应予重照。

4. 表面质量

底片上被检焊道影像应规整齐全，不缺边角。底片表面不应存在明显的机械损伤和污染。

质量不符合要求的底片必须重照。

二、底片上缺陷影像的识别

对射线底片上缺陷的识别一般从缺陷影像的几何形状、黑度分布和位置加以判断。

1. 裂纹

底片上裂纹的典型影像是轮廓分明的黑线。通常情况下黑线有微小的锯齿、分叉，粗细和黑度有变化；线的端部尖细，端头前方有丝状阴影延伸，如图 2-24 所示。

裂纹可能发生在接头的任何部位，包括焊缝和热影响区。

2. 未熔合

焊缝根部未熔合的典型影像是一条细直黑线，线的一侧轮廓整齐且黑度较大，为坡口钝边痕迹，另一侧轮廓可能较规则也可能不规则。根部未熔合一般在焊缝中间，因坡口形状或投影角度等原因也可能偏向一边，如图 2-25 所示。

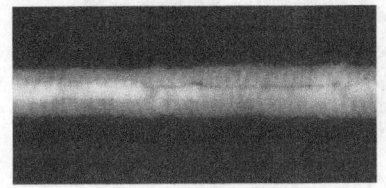
图 2-24　焊缝根部裂纹

图 2-25　未熔合

坡口未熔合的典型影像是连续或断续的黑线，宽度不一，黑度不均匀，一侧轮廓较齐，黑度较大；另一侧轮廓不规则，黑度较小。在底片上的位置一般在焊缝中心至 1/2 处，沿焊缝纵向延伸。

层间未熔合的典型影像是黑度不大的块状阴影，形状不规则，如含有夹渣时，夹渣部位的黑度较大。

3. 未焊透

未焊透的典型影像是细直黑线，两侧轮廓都很整齐，为坡口钝边痕迹，宽度恰好为钝边间隙宽度。有时坡口钝边有熔化，影像轮廓就变得不太整齐，线宽度和黑度局部发生变化，但只要能判断是处于焊缝根部的线形缺陷，仍判断为未焊透。

未焊透在底片上一般在焊缝中部，因透照偏、焊偏等原因也可能偏向一侧。未焊透呈断续或连续分布，有时能贯穿整张底片，如图2-26所示。

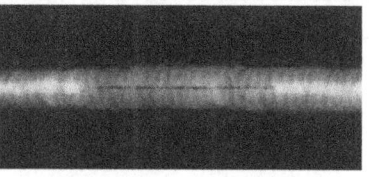

图 2-26　未焊透

4. 夹渣

非金属夹渣在底片上的影像是黑点、黑条或黑块，形状不规则，黑度变化无规律，轮廓不圆滑，有的带棱角。

非金属夹渣可能发生在焊缝的任何部位，条状夹渣的延伸方向多与焊缝平行，如图2-27所示。

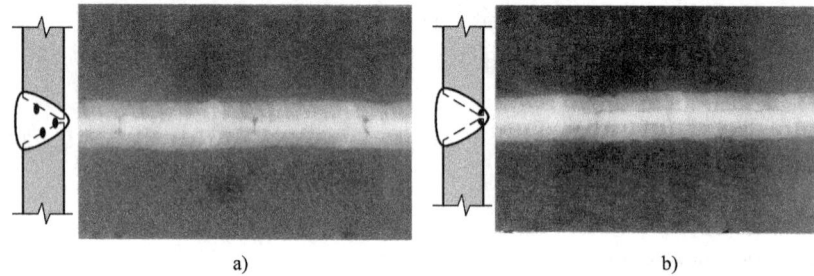

图 2-27　焊缝夹渣
a）单个夹渣　b）条状夹渣

钨夹渣在底片上的影像是一个白点（钨对射线的吸收很大，因此白点的黑度极小，亮度极大）。钨夹渣只产生在非熔化极钨极氩弧焊焊缝中。

5. 气孔

气孔在底片上的影像是黑色圆点，也有的是黑线（线状气孔）或其他不规则形状；气孔的轮廓比较圆滑，其黑度中心较大，至边缘稍减小，如图2-28所示。

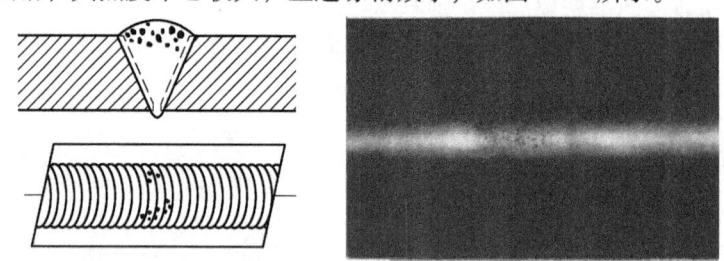

图 2-28　焊缝气孔

气孔可发生在焊缝的任何部位。例如，手工单面焊根部线状气孔、双面焊根部链状气孔、焊缝中心线两侧的虫状气孔是发生部位与气孔形状有规律对应的典型例子。

三、缺陷的定量测定

在厚壁工件的检验中，为了进一步判断焊缝中缺陷的大小和返修方便，需要知道缺陷的确切位置。缺陷在焊缝中的平面位置可以根据底片直接测定，而其埋藏深度却必须用特殊的透照方法才能确定。这里只介绍双重曝光法。

所谓双重曝光法就是射线源（焦点）在两个位置对同一缺陷在一张底片上进行重复曝光，如图2-29所示。为测定缺陷x的深度h，可分别在A、B两个位置进行两次曝光，即可在底片上得到缺陷的两个影像 E_1 和 E_2，根据它们的几何关系（暗盒很薄，紧贴工件，取工件与胶片的距离 $l=0$）可以计算出缺陷的埋藏深度为

$$h = \frac{SF}{a+S}$$

式中　h——缺陷距工件下表面的距离（mm）；

　　　S——底片上两个缺陷影像之间的距离（mm）；

　　　F——焦距（mm）。

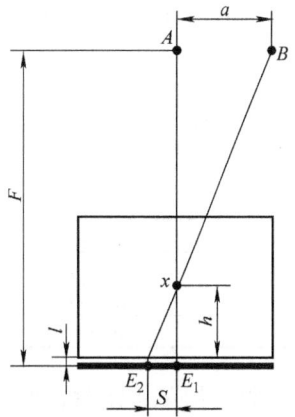

图 2-29　双重曝光法测定缺陷埋藏深度

四、焊缝质量的评定

1. 焊缝质量分级

根据射线底片来划分焊缝质量等级时必须依据一定的标准，我国目前普遍使用的国家标准是 GB/T 3323—2005 标准。该标准适用于 2～200mm 母材厚度钢熔焊对接接头的 X 射线和 γ 射线检验。

GB/T 3323—2005 中规定，根据缺陷的形状、大小，将焊缝中的缺陷分成圆形缺陷（长宽比≤3 的缺陷）、条状夹渣（长宽比>3 的夹渣）、未焊透、未熔合和裂纹五种。

在 GB/T 3323—2005 中，根据缺陷性质、数量和大小将焊缝质量分为 Ⅰ、Ⅱ、Ⅲ、Ⅳ 共四级，质量依次降低。

Ⅰ级焊缝内不允许存在任何裂纹、未熔合、未焊透及条状夹渣，允许有一定数量和一定尺寸的圆形缺陷存在。

Ⅱ级焊缝内不允许存在任何裂纹、未熔合及未焊透，允许有一定数量和一定尺寸的条状夹渣和圆形缺陷存在。

Ⅲ级焊缝内不允许存在任何裂纹、未熔合以及双面焊和加垫板的单面焊中的未焊透，允许有一定数量、一定尺寸的条状夹渣和圆形缺陷及未焊透（指非氩弧焊封底的不加垫板的单面焊）存在。

Ⅳ级焊缝是指焊缝缺陷超过Ⅲ级者。

2. 焊缝质量的评定方法

对允许存在缺陷的焊缝，标准规定要根据母材厚度对缺陷数量加以限制。缺陷数量包括单个缺陷尺寸、总量和密集程度。因此，对焊缝进行评定时应根据缺陷种类、单个缺陷尺寸、总量和密集程度分别评定，然后再进行综合评定。

（1）圆形缺陷的评定　圆形缺陷是指长宽比小于或等于 3 的缺陷，它们可以是圆形、椭圆形、锥形或带有尾巴的不规则形状，包括气孔、夹渣和夹钨。

圆形缺陷用评定区进行评定，评定区的大小根据工件厚度来确定，见表 2-12。评定区应选在缺陷最严重的焊缝部位。

表 2-12　圆形缺陷评定区　　　　　　　　　（单位：mm）

母材厚度	≤25	>25～100	>100
评定区尺寸	10×10	10×20	10×30

不同尺寸的缺陷尽管形状相同，但对焊缝质量的影响却不同，尺寸越大对焊缝的危害就越大，因此对评定区内的缺陷根据其尺寸大小按表 2-13 规定换算成缺陷点数。需要指出，

对满足表 2-14 规定要求的缺陷不计点数。

表 2-13 缺陷点数换算表

缺陷长径/mm	≤1	>1~2	>2~3	>3~4	>4~6	>6~8	>8
点 数	1	2	3	6	10	15	25

表 2-14 不计点数的缺陷尺寸 （单位：mm）

母材厚度 t	缺 陷 长 度
≤25	≤0.5
>25~50	≤0.7
>50	≤1.4%t

圆形缺陷评定时，根据评定区内每个缺陷的尺寸，按表 2-13 查出其相应的缺陷点数，并计算点数总和，然后按表 2-15 来评定缺陷的等级。

表 2-15 圆形缺陷的等级评定

质量等级 \ 母材厚度/mm	≤10	>10~15	>15~25	>25~50	>50~100	>100
Ⅰ	1	2	3	4	5	6
Ⅱ	3	6	9	12	15	18
Ⅲ	6	12	18	24	30	36
Ⅳ	缺陷点数大于Ⅲ级者					

例1 板厚为 20mm 的对接焊缝，在 10mm×10mm 评定区内有长径为 2mm 的圆形缺陷两个、长径为 4mm 的圆形缺陷一个。试评定焊缝等级。

根据表 2-13 可查得其对应的缺陷点数为 2 和 6，评定区内缺陷点数总和为 2×2+6=10，查表 2-15 可知，该焊缝为Ⅲ级焊缝。

（2）条状夹渣的评定 长宽比大于 3 的夹渣定义为条状夹渣。条状夹渣的等级评定见表 2-16。

表 2-16 条状夹渣的等级评定 （单位：mm）

质量等级	评定厚度 T	单个条形缺陷长度	条状夹渣总长
Ⅱ	T≤12	4	在平行于焊缝轴线的任意直线上，相邻两缺陷间距均不超过 6L 的任何一组缺陷，其累计长度在 12T 焊缝长度内不超过 T
Ⅱ	12<T<60	$\frac{1}{3}T$	在平行于焊缝轴线的任意直线上，相邻两缺陷间距均不超过 6L 的任何一组缺陷，其累计长度在 12T 焊缝长度内不超过 T
Ⅱ	T≥60	20	在平行于焊缝轴线的任意直线上，相邻两缺陷间距均不超过 6L 的任何一组缺陷，其累计长度在 12T 焊缝长度内不超过 T
Ⅲ	T≤9	6	在平行于焊缝轴线的任意直线上，相邻两缺陷间距均不超过 3L 的任何一组缺陷，其累计长度在 6T 焊缝长度内不超过 T
Ⅲ	9<T<45	$\frac{2}{3}T$	在平行于焊缝轴线的任意直线上，相邻两缺陷间距均不超过 3L 的任何一组缺陷，其累计长度在 6T 焊缝长度内不超过 T
Ⅲ	T≥45	30	在平行于焊缝轴线的任意直线上，相邻两缺陷间距均不超过 3L 的任何一组缺陷，其累计长度在 6T 焊缝长度内不超过 T
Ⅳ	大于Ⅲ级者		

注：L 为该组缺陷中最长者的长度。

例2 板厚为 10mm 的对接焊缝，在底片上发现 4mm 长的单个条状夹渣。试评定焊缝等级。

按条状夹渣占板厚比值的规定，该条状夹渣大于 1/3 板厚，小于 2/3 板厚，应评为Ⅲ级。但标准规定Ⅱ级焊缝条状夹渣最小允许长度为 4mm，因此该焊缝应评为Ⅱ级。

如果在底片上不是单个条状夹渣，而是由几段相隔一定距离的条状夹渣组成，此时的等级评定应从单个条状夹渣长度、夹渣间距及夹渣总长三个方面进行评定。

(3) 未焊透缺陷的评定　只有在不加垫板的单面焊的Ⅲ级焊缝中才允许存在未焊透，其允许长度按表2-17中条状夹渣长度的Ⅲ级标准评定。

(4) 焊缝质量的综合评定　当焊缝中同时有几种缺陷存在时，应根据缺陷种类各自评级，然后进行综合评级。如有两种缺陷，可将其级别之和减1作为综合评级之后的焊缝质量级别；如有三种缺陷，可将其级别之和减2作为综合评级之后的焊缝质量级别。

五、检验记录与报告

射线照相检验后，应对检验结果及有关事项进行详细记录并写出检验报告。检验报告的主要内容应包括产品名称、检验部位、检验方法、透照规范、缺陷名称、评定等级、返修情况和透照日期等，见表2-17。

表2-17　焊缝射线检验报告

工件	材料牌号				
检验条件及工艺参数	源种类	□X □¹⁹²Ir □⁶⁰Co		设备型号	
	焦点尺寸	mm		胶片牌号	
	增感方式	□Pb □Fe 前屏 后屏		胶片规格	mm
	像质剂型号			冲洗条件	□自动 □手工
	显影液配方			显影条件	时间　min；温度　℃
	照相质量等级	□A □B		底片黑度	～
	焊缝编号				
	板厚/mm				
	透照方式				
	L_1（焦距）/mm				
	能量/kV				
	管电流（源活度）/mA（Bq）				
	曝光时间/min				
	要求像质指数				
	焊缝长度/mm				
	一次透照长度/mm				
	合格级别/级				
	要求检测比例（%）				
	实际检测比例（%）				
	检测标准			检测工艺编号	

合格片数	Ⅰ类焊缝（张）	Ⅱ类焊缝（张）	相交焊缝（张）	共计（张）	最终评定结果	Ⅰ级（张）	Ⅱ级（张）	Ⅲ级（张）	Ⅳ级（张）

缺陷及返修情况说明	检测结果
1）本台产品返修共计　处。最高返修　次 2）超标缺陷部位返修后经复检合格 3）返修部位原缺陷情况见焊缝射线检测底片评定表	1）本台产品焊缝质量符合　级的要求，结果合格 2）检测位置及底片情况详见焊缝射线检测底片评定表及射线检测位置示意图（另附）
报告人： 　　　年　月　日	审核人： 　　　年　月　日	无损检验专用章 　　　年　月　日

检验的底片、原始记录和检验报告必须妥善保存。一般保存 5 年以上，5 年后经技术检验部门研究决定才能注销。

六、焊缝射线检验的一般程序

焊缝射线检验的一般程序如图 2-30 所示。

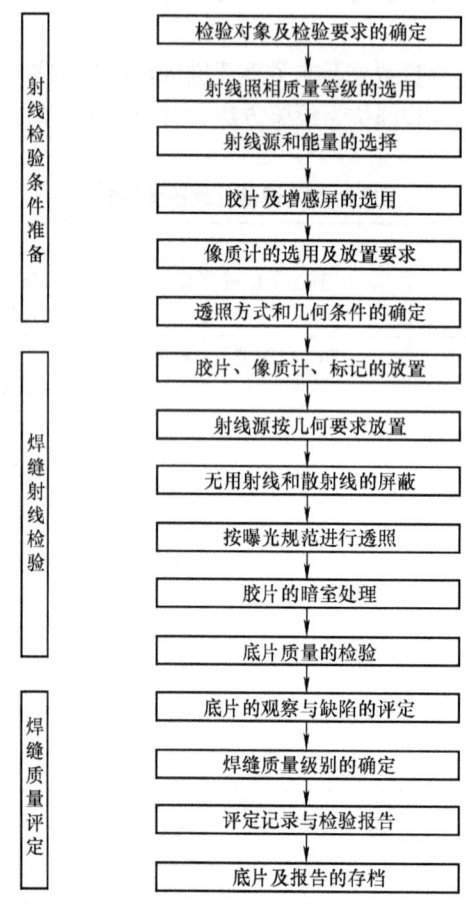

图 2-30　焊缝射线检验的一般程序

七、典型焊接产品射线检验实例

例 3　图 2-31 所示为 Ⅰ 类压力容器，钢板厚 $t = 12\text{mm}$，由两个筒节和两个封头组成。

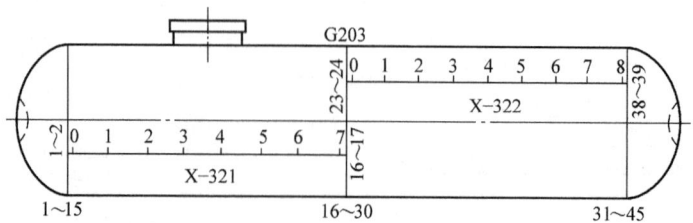

图 2-31　压力容器射线检验示意图

要求：按"压力容器安全监察规程"（简称规程）进行射线检验。

根据产品结构、尺寸选择 X 射线照相法检验。

1）确定检验位置。

① 规程 44 条 4 款规定"筒体与封头连接部位必须进行检验"。因此，1~15、31~45 两条环焊缝应 100% 检验，共拍片 30 张。

② 规程 44 条 4 款又规定"筒节与封头连接部位必须进行检验"。因此，中间环焊缝 16~17、23~24 两区段必须进行检验。同时规程要求 I 类压力容器 20% 应用射线检验抽查，中间环焊缝 16~30 共有 15 个区段，应至少检验 3 个区段才满足。因此，还需增加一个检验区段。

③ 筒体纵焊缝 X-321 上的 0~1、6~7 两区段已占该焊缝长度的 28%；X-322 上的 0~1、7~8 两区段已占该焊缝长度的 25%，均大于 20% 的规定要求。

2）每个检验区段长度约为 220mm，选用天津—Ⅲ型胶片，0.02mm 铅增感屏。

3）选用单壁单影垂直透照方式，焦距为 $F=600$mm。

4）将像质计和标记带按规定贴在射线源一侧的工件表面上。

5）曝光规范：管电压为 160kV、管电流为 14mA、曝光时间为 1min。

6）暗室处理为显影（天津配方）7min、19℃；定影 20min；水洗 30min；自然干燥。

7）按规定填写透照检验记录。

8）评片。

① 底片质量的评定（略）。

② 焊缝质量的评级。规程规定该容器焊缝验收级别为 Ⅱ 级。

第五节 射线的安全防护

一、射线对人体的危害

射线照射生物体时，与机体细胞、组织、体液等物质相互作用，会引起物质的原子或分子电离而直接破坏机体内某些大分子结构。例如，使蛋白分子链断裂；破坏一些对生物代谢有重要意义的酶等，甚至可直接损伤细胞。另外，射线可以通过电离生物体内广泛存在的水分子而间接损伤机体。可见，电离辐射不但可以扰乱和破坏机体及组织的正常代谢活动，而且可以直接破坏细胞和组织的结构，从而导致代谢紊乱，机能失调，损伤严重时甚至会导致机体死亡。

另外，射线除对人体造成伤害外，还会对周围的其他生物如动物与植物等造成伤害，从而造成对环境的放射性污染。因此，射线检测时必须进行有效防护。

二、射线的防护方法

对工业检测用 X 射线和 γ 射线照射的防护方法有三种：屏蔽防护、距离防护和时间防护。

1. 屏蔽防护

屏蔽防护是最重要的防护手段。它是利用在射线源与检测人员及其他邻近人员之间加上有效合理的屏蔽物来防止射线照射的一种方法。屏蔽防护效果主要取决于屏蔽材料及厚度。屏蔽材料一般选择原子序数大的物质，如铅等。

屏蔽防护应用很广泛，如射线检测机衬铅，现场使用的流动铅房和固定曝光室的钡水泥墙壁等。应注意探伤室的门缝及孔道的泄漏是实际探伤中比较普遍存在的问题，必须妥善处理，原则上检测室的门应不留直缝、直孔，采用阶梯不要太多。有关屏蔽防护的具体设计、计算可查阅有关资料。

2. 距离防护

在野外或流动检测时，利用距离防护射线是极为经济而有效的防护方法。若到 X 射线源的距离 R_1 处的射线剂量率（单位时间内所照射到的剂量，单位为 rem/h）为 P_1，在同一径向 R_2 处的射线剂量率为 P_2，则有

$$\frac{P_2}{P_1} = \left(\frac{R_1}{R_2}\right)^2$$

即

$$P_2 = P_1 \left(\frac{R_1}{R_2}\right)^2$$

上式表明，射线剂量率与距离的平方成反比。增大距离，对降低该处的射线剂量率是十分有效的。因此，在没有防护物或防护物厚度不够时，利用增大距离的方法同样可以达到防护目的。

在实际探伤中，可用剂量仪测量出究竟多大距离才是安全的。

3. 时间防护

在可能的情况下，尽量减少接触射线的时间也是防护方法之一。因为人体所接受的射线总剂量 H 与接触射线的时间 t 成正比，即

$$H = P_1 t$$

应该注意，在实际检测中，为了更有效地防护射线，往往同时使用这三种方法。

三、透照现场的安全

在一般工厂里，大部分检验工作是透照固定的设备和各种结构的部件，例如锅炉、船体以及起重或运输设备等的焊缝。这些透照对象可以在工地上，也可以在车间中进行检验，而且最好是在无人或很少有人的地方进行检验。如果是在工作人员较多的工地上或车间内进行透照，必须在危险区边缘设置明显标志，防止外人误入。例如，在危险区边缘围放三角小红旗、在安全距离处放置写有警告性字样的警告牌等。另外，操作人员要注意保持安全距离，选择在辐射小的方向等待，并尽量利用屏蔽物进行防护。

在试验室内进行透照的，一般是较小的焊件。由于试验室都采取了较好的防护措施，防护效果要比工地或车间好，但对射线的防护也不可麻痹大意，以防止发生意外事故。因此，要求室内射线机房门应有指示灯与探伤机的连锁装置，室内应具有通风设备，且通风孔应设置合理，以保证整个室内通风良好。室内用具包括清扫工具都必须作为专用工具，禁止他人动用。

需要指出的是，在检验过程中，操作人员必须使用各种防护用品，以免遭受无谓的损伤。绝对禁止在进行探伤工作的场所进食、吸烟和储藏食品。工作完毕后应彻底洗手，并在任何时间内都应注意将手指甲修短。

实验一 评价表

复习思考题

一、填空题

1. 射线检测利用的放射线属于_____波。工业射线检测最常采用的射线源是_____射线源和_____射线源。
2. 目前工业 γ 射线检测最常用的两种 γ 射线源是_____射线源和_____射线源。
3. 铸件内部缺陷最适合采用_____检测方法。
4. X 射线照相法检测时的工艺参数最重要的是_____、_____、_____和_____。
5. 射线辐射防护的三种基本方式是_____、_____和_____。
6. 射线照相法检测中,缺陷的取向与射线方向_____时,可在底片上获得最清晰的缺陷影像。
7. X 射线的穿透能力取决于_____。
8. 射线照相法中使用像质计的主要目的是_____。
9. 对于透照厚度差较大的工件,置于工件和射线源之间的滤板的作用是_____。
10. 爆光规范包括_____、_____和_____。

二、判断题

1. X 射线检测法适用于任何材料。 (   )
2. 射线照相检测法的优点是效率高、成本低。 (   )
3. X 射线检测法不适用于混凝土结构件。 (   )
4. γ 射线检测法适用于任何材料。 (   )
5. 射线照相检测法的局限性是不易评定缺陷的形状、大小和分布。 (   )
6. 当射线中心束方向与裂纹开裂面成 180°角时,最容易发现该裂纹。 (   )
7. 缺陷面或延伸方向与射线束垂直时最容易被发现。 (   )
8. 射线照相法检测的防护措施只有屏蔽一种方法。 (   )
9. 评片室的光线越亮,越有利于评定细小缺陷。 (   )
10. 透照厚度差较大的对接焊缝,为使底片黑度均能满足标准要求,可适当提高管电压。 (   )
11. AgBr 的颗粒越大,胶片感光速度越慢,成像清晰度越高。 (   )
12. X 射线和 γ 射线是本质相同的两种射线。 (   )
13. 底片上出现了"B"字,说明背散射线严重,应采取防护措施并重新进行透照。 (   )
14. 高速运动的电子撞击阳极靶时,动能主要转化为热能。 (   )
15. 射线源至工件表面的距离增大会降低几何不清晰度,因此焦距的选择越大越好。 (   )

三、选择题

1. X 射线的穿透能力取决于(   )。
   A. 管电流   B. 管电压   C. 曝光时间   D. 焦点尺寸
2. 射线检测法适用于检验的缺陷是(   )。
   A. 锻钢件中的折叠   B. 铸件金属中的气孔
   C. 金属板材中的分层   D. 金属焊缝中的夹渣
   E. B 和 D
3. X 射线照相法的曝光规范不包括(   )。
   A. 焦点尺寸   B. 管电压   C. 管电流   D. 曝光时间
4. 工件中缺陷的取向与 X 射线入射方向(   )时,在底片上能获得最清晰的缺陷影像。
   A. 垂直   B. 平行   C. 倾斜 45°   D. 都可以
5. γ 射线的穿透能力主要取决于(   )。
   A. 源活度   B. 源的尺寸   C. 曝光时间   D. 源的种类

6. （　　）不是影响射线照相灵敏度的主要因素。
A. 黑度　　　　　　B. 清晰度　　　　　　C. 颗粒度　　　　　　D. 对比度
7. 管电压增大，射线强度将（　　）。
A. 减小　　　　　　B. 不变　　　　　　C. 增大　　　　　　D. A 和 B 均可能
8. X 射线管制成高真空的目的是（　　）。
A. 防止电极材料氧化
B. 使管内气体不电离，从而使电子束易于通过
C. 使电极之间绝缘
D. 以上都是
9. 射线检测中，通常所说的 X 射线曝光量是指（　　）。
A. 管电压与曝光时间的乘积
B. 管电压与管电流的乘积
C. 管电流与曝光时间的乘积
D. 管电流与管电压、曝光时间的乘积
10. 透照工件时一般在暗盒后边放张薄铅板，它的作用是（　　）。
A. 增感　　　　　　　　　　　　　　B. 防止背散射线的影响
C. 防止工件内部散射线的影响　　　　D. 以上都不对
11. 几何不清晰度与（　　）无关。
A. 焦点尺寸　　　　　　　　　　　　B. 胶片类型
C. 焦点至工件表面的距离　　　　　　D. 工件表面至胶片的距离
12. （　　）不属于射线防护的基本因素。
A. 时间　　　　　　B. 距离　　　　　　C. 改变透照方式　　　　　　D. 屏蔽
13. （　　）常作为射线检测防护的屏蔽材料。
A. 钢板　　　　　　B. 铜板　　　　　　C. 钨板　　　　　　D. 铅板
14. 射线底片质量包括（　　）。
A. 黑度　　　　　　B. 像质指数　　　　　　C. 识别示记　　　　　　D. 以上均是
15. 射线照相检测法中，对于底片上可识别的像质计钢丝影像，其中可识别是指（　　）。
A. 像质计摆放位置符合标准要求
B. 要查看焊缝上而不是母材上的钢丝影像
C. 能清晰地看到的钢丝影像长度不小于 10mm（焊缝宽度小于 10mm 除外）
D. 以上都是

四、简答题

1. X 射线是如何产生的？
2. 用于检测的 X 射线性质有哪些？
3. 简述射线照相检测法的原理。
4. 射线照相检测法为什么要使用增感屏？
5. 防护射线的方法有哪些？

第三章　超声波检测

超声波检测是利用超声波探测材料内部缺陷的无损检验法。它主要用于检查金属材料和部分非金属材料的内部缺陷，如焊缝中的气孔、裂纹、夹渣等；医院里应用"B超"检查内脏或器官病变等。

超声波检测具有灵敏度高、设备轻巧、操作方便、检测速度快、成本低且对人体无害等优点，但也存在无法对缺陷进行准确定性与准确定量的缺点。本章将重点讲述超声波的性质，直接接触法超声波检测；简单介绍超声波检测设备。

第一节　超声波的产生、性质及衰减

声波是一种机械波，它的频率（通常用字母 f 表示）范围很宽。按照人的听力极限，将声波划分为三种：次声波、声波和超声波。

当 $f<20\mathrm{Hz}$ 时，称为次声波。

当 f 为 $20\mathrm{Hz}\sim20\mathrm{kHz}$ 时，称为声波。

当 $f>20\mathrm{kHz}$ 时，称为超声波。

声波是人耳可以听得见的，用声波检查物体的内部情况早已被人们采用，如用手拍拍西瓜听声音，判断西瓜是否熟了；医生敲敲病人的胸部，检验内脏是否正常；用小锤敲敲铸件，检验内部是否有孔洞等。这些检测是依靠人的听觉来分析和判断的。

而次声波和超声波则是人耳听不见也感觉不到的（蝙蝠和海豚能听见人所听不到的高频声音并能用超声波来传递信息）。超声波的频率很高，能量很大，在金属中可以传播很远的距离，并且遇到缺陷时能够反射回来，因此在工业生产中常用于金属材料及其制品的无损检测。但必须借助探头实现电-声相互转换，将超声波信号转换成可见的电信号，根据电信号来判断被检工件的内部情况。

超声波检测使用的超声波频率一般为 $0.5\sim10\mathrm{MHz}$，其中以 $2\sim5\mathrm{MHz}$ 最为常用。

一、超声波的产生与接收

目前金属检测中最常用的产生超声波的方法是压电法。压电法是利用压电晶体（水晶、钛酸钡、锆钛酸铅和硫酸锂）来产生超声波。用压电晶体切出的晶片（称为压电晶片）具有压电效应，即晶片受拉应力或压应力作用而变形时，会在晶片表面出现电荷；反之，在电荷或电场作用下，晶片会发生变形，如图3-1所示。前者称为正压电效应；后者称为逆压电效应。

超声波的产生与接收是利用超声波探头中压电晶片的压电效应来实现的。由超声波探伤仪产生的电振荡，以高频电压形式加到压电晶片的两面电极上，由于逆压电效应，晶片会在厚度方向上产生伸缩变形，这样就把电振荡转换成机械振动，这种机械振动以超声波的形式进入工件，这就是超声波的产生；反之，当晶片受到超声波的作用而发生伸缩变形时，正压电效应又会使晶片两表面产生不同极性的电荷，形成与超声波频率相同的高频电压，以回波

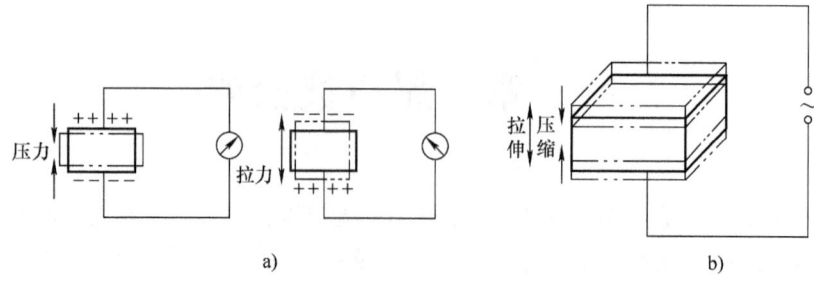

图 3-1 压电效应
a) 正压电效应 b) 逆压电效应

电信号形式经探伤仪显示,这就是超声波的接收。

二、超声波的性质

超声波检测中主要是利用超声波的以下几方面的性质。

1. 良好的指向性

所谓超声波具有良好的指向性,有以下两个含义。

(1) 直线性 超声波的波长很短(毫米数量级)。因此,它在弹性介质中能像光波一样沿直线传播,并符合几何光学规律。由于超声波在固定的介质中传播速度是常数,因此根据传播时间就能计算出其传播距离,从而为超声波检测中缺陷定位提供了依据。

(2) 束射性 声源发出的超声波能集中在一定区域内定向辐射。但超声波在传播过程中会发生声束的扩散,即随传播距离的增大,声束截面会增大。

如图 3-2 所示,晶片发出的超声波,其方向在短距离内是大致平行的,也就是与晶片面积范围相同地向前发射,但超声波传播到一定距离后,声束开始发

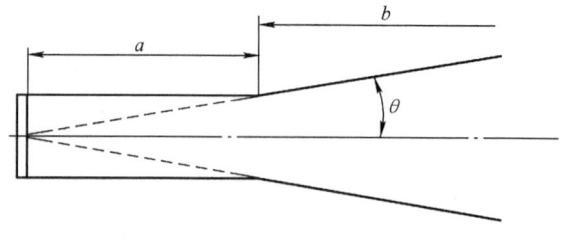

图 3-2 超声波的指向性
a—同面积传播的距离 b—扩散的距离 θ—扩散角

生扩散,不过扩散的角度很小,一般只有几度到十几度。

超声波良好的指向性,可以依据检测方法和检测对象的不同,实现定向发射和接收,采用扫描的方式就能发现被检工件中不同部位的缺陷。

2. 能在弹性介质中传播,不能在真空中传播

和声波一样,超声波也有不同的波形,并且各类型波的传播介质和本身具有的特点也不完全相同。

(1) 波形 介质在传播超声波时,根据介质质点的振动方向与波的传播方向之间相互关系的不同,可将超声波分为纵波、横波、表面波等。

1) 纵波。声波在介质中传播时,介质质点振动方向与波的传播方向相同,该声波称为纵波,如图 3-3 所示。纵波用字母"L"表示。它能在固体、液体和气体中传播。纵波的产生和接收都比较容易,因此在工业检测和其他领域都得到较广泛的应用。

2) 横波。声波在介质中传播时,介质质点振动方向与波的传播方向相垂直,该声波称为横波,如图 3-4 所示。横波用字母"S"表示。由于介质质点传播横波是通过交变的切应

力作用,而液体、气体没有剪切弹性就不能传播横波,所以横波只能在固体中传播。横波具有灵敏度较高,分辨力好以及探测范围大等优点,尤其是可以探测纵波难以探测的场合,应用也很广泛。

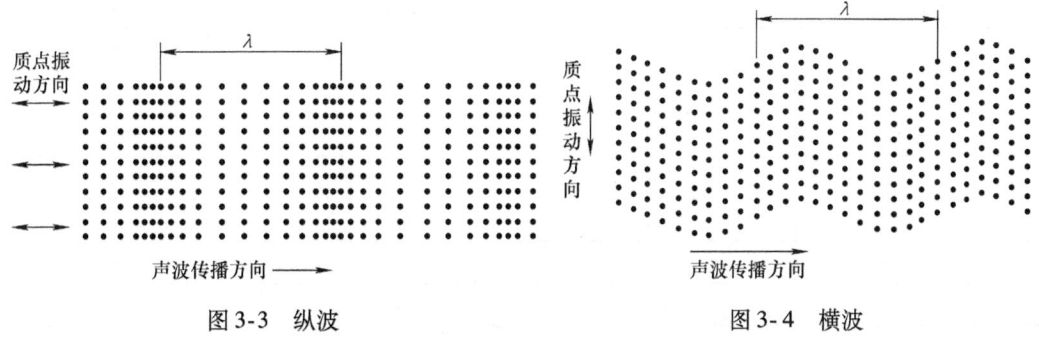

图 3-3 纵波　　　　　　　　　　图 3-4 横波

3)表面波。仅在固体表面传播且介质表面质点做椭圆运动的声波,称为表面波,如图 3-5 所示。表面波用字母"R"表示。表面波的能量随深度的增加迅速减弱,其深度约为一个波长范围。在实际探伤中,表面波常用来检验工件表面裂纹和渗碳层的表面质量。

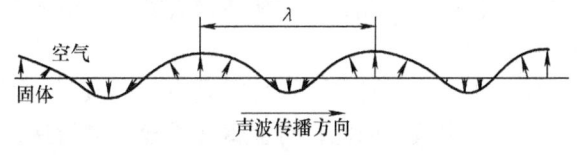

图 3-5 表面波

各类型超声波的主要特点见表 3-1。

表 3-1 各类型超声波的主要特点

波　形	定　　义	传播介质	应用范围
纵波	质点振动方向与波的传播方向相同	固体、液体、气体	钢板、锻件、焊缝
横波	质点振动方向与波的传播方向垂直	固体	焊缝、钢管
表面波	质点仅在固体表面做椭圆形运动	固体表面	钢板、钢管、锻件表面

(2)声速　声波在单位时间内所传播的距离称为声波在该介质中的传播速度,简称为声速。用符号 c 表示,单位为 m/s。声速、波长和频率之间的关系为

$$c = f\lambda \tag{3-1}$$

式中　f——频率(Hz);
　　　λ——波长(m)。

超声波的声速与波形及传播介质(介质的密度、弹性模量等)有关。超声波在同一介质中传播时,纵波速度最快,横波速度次之,表面波速度最慢。因此,对同一频率在同一介质中传播的超声波,其纵波波长最长,横波波长次之,表面波波长最短。由于探测缺陷的分辨力(超声波分辨相邻缺陷的能力)与波长有关,波长越短分辨力越高,因此表面波的分辨力最高,横波次之,纵波最低。常见介质中纵波与横波的声速见表 3-2。

表 3-2 常见介质中纵波与横波的声速

材料种类	密度/(g/cm³)	纵波 c_L/(m/s)	横波 c_S/(m/s)
铝	2.7	6260	3080
铸铁	7.3	5600	3200
钢	7.8	5950	3230
铜	8.9	4700	2260
有机玻璃	1.18	2730	1460
陶瓷	2.4	5600	3500
机油	0.92	1400	—
水（20℃）	1.0	1500	—
空气	0.0012	340	—

这里需要指出，超声波检测中通常是将空气作为真空处理，也就是说，超声波不能通过空气进行传播。因此，为了能使探头发出的超声波很好地进入工件，必须在探头与工件之间加耦合剂。

综上所述，金属中可以传播具有不同波形、不同波速的超声波。因此，对金属（焊缝）进行探伤时必须选定超声波的类型（通常是选择横波），否则会使回波信号发生混乱和得不到正确的检测结果。

3. 异质界面上的透射、反射、折射和波形转换

超声波从一种介质入射到另一种介质时，经过异质界面时将发生以下情况。

（1）垂直入射 当超声波垂直入射异质界面时，将发生透射、反射和绕射。超声波从一种介质垂直入射到第二种介质上时，其能量的一部分被反射而形成与入射波方向相反的反射波，又称为回波。其余能量则透过界面产生与入射波方向相同的透射波，如图 3-6 所示。超声波反射能量 $W_反$ 与入射能量 $W_入$ 之比称为超声波能量反射系数，即 $K = W_反 / W_入$。几种异质界面的反射系数 K 值见表 3-3。

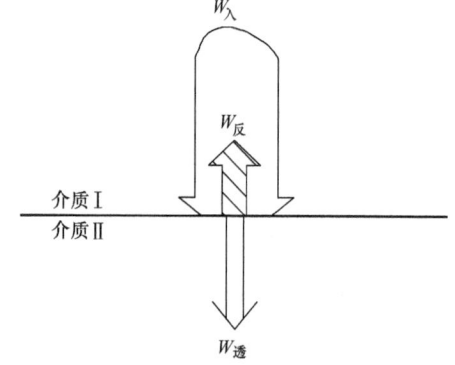

图 3-6 超声波垂直入射异质界面

表 3-3 异质界面反射系数 K （%）

界面	K	界面	K
钢-钢	0	钢-空气	100
钢-有机玻璃	77	有机玻璃-变压器油	17
钢-变压器油	81	有机玻璃-空气	100
钢-水	88		

显然，异质界面上的反射是很严重的，尤其是固-气界面 $K = 100\%$，因此超声波检测中应在探头和工件之间加耦合剂，以防超声波全被反射而无法进入工件；而焊缝与其中缺陷构成的异质界面也正因为有极大的反射才使检测成为可能，因为检测中缺陷显示是探头接收了

缺陷的反射波。

当界面尺寸 d_f 很小时，声波将能绕过其边缘继续前进，即产生波的绕射，如图 3-7 所示。由于绕射使反射回波减弱，一般认为超声波检测中能发现的最小缺陷尺寸为 $d_f = \lambda/2$，绕射是一个重要原因。显然，要想发现更小缺陷，就必须减小波长，也就是提高超声波的频率。

(2) 倾斜入射　当超声波从一种介质倾斜入射到另一种介质时，在异质界面将会发生波的反射和折射，并发生波形转换，如图 3-8 所示。

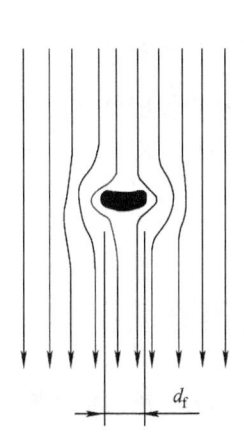

图 3-7　超声波的绕射现象

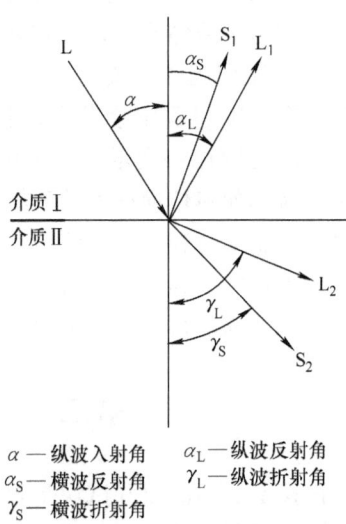

α—纵波入射角　　α_L—纵波反射角
α_S—横波反射角　　γ_L—纵波折射角
γ_S—横波折射角

图 3-8　超声波倾斜入射异质界面

通过调整入射角 α，可以实现在第Ⅱ介质中只有折射横波，这是常用斜探头的设计原理和依据，也是横波检测的基本条件。

4. 具有可穿透物质和在物质中有衰减的特性

超声波的这一性质与射线相似，但超声波具有更强的穿透能力。因为超声波在物质中的传播实际上是声能的传播，而声能与频率的平方成正比，而探伤所用超声波的频率远高于声波（例如 1MHz 的超声波所传播的能量大约是 1kHz 声波的 100 万倍），所以超声波的能量很大。同时，超声波在大多数介质中，尤其是在钢等金属材料中传播时，传输损失小，传播距离大，一般可达数米远，因此超声波穿透金属的能力很强。这正是超声波检测能探测较大深度的原因，这一点是其他检测方法所不能比拟的。

三、超声波的衰减

超声波在介质中传播时，其能量会随传播距离的增加而减弱，这种现象称为超声波的衰减。引起超声波衰减的主要有下述三个原因。

1. 散射引起的衰减

超声波在传播过程中，遇到不均匀和各向异性的金属晶粒时会在界面上发生散乱反射、折射和波形转换，从而消耗超声波的能量，这种衰减称为散射衰减。对金属材料而言，散射衰减的程度取决于晶粒度大小与超声波波长之比。一般说，超声波频率越高（波长越短），金属晶粒尺寸越大，散射衰减越厉害。当波长与晶粒平均尺寸的比值约为 3 时，超声波的衰减量最大。实际检测中，由于奥氏体钢焊缝晶粒粗大（晶粒平均尺寸常可达数毫米），衰减很严重，同时在示波屏上形成"草状回波",如图3-9所示。

2. 介质吸收引起的衰减

超声波的本质属于机械波,所以超声波在介质中的传播过程是以介质质点的振动而进行的。由于质点之间的相对运动和相互摩擦使部分声能转换为热能,通过热传导引起衰减,这种衰减称为介质吸收引起的衰减。金属介质的吸收衰减与散射衰减相比,几乎可忽略不计;但对于液体介质,吸收衰减则是主要的。

3. 声束扩散引起的衰减

超声波在传播过程中会发生扩散,且随传播距离的增加,扩散程度也将会增大。声束扩散导致声束的截面增大,从而使单位面积上的声能减小。这种形式引起的超声波能量衰减称为扩散衰减。

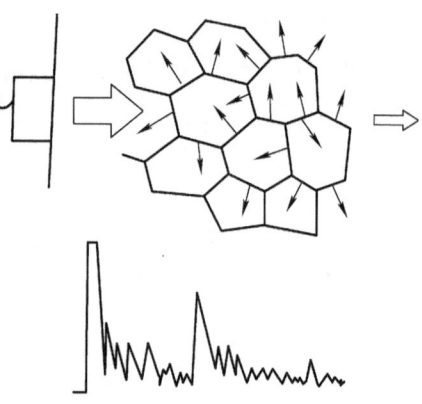

图 3-9 粗晶引起的散射和草状回波

总之,在金属材料的超声波检测中,引起衰减的主要原因是散射衰减。因此,在探测晶粒较粗大的工件时,为减少散射衰减,应选择低的超声波频率;对可淬硬钢的焊缝,建议在其经调质处理使晶粒得到细化后再进行超声波检测。

第二节 超声波检测设备简介

超声波探头、检测仪和试块是超声波检测的重要设备。只有了解它们的原理、主要性能和用途,才能进行正确选择,才能保证检测的准确度。

一、超声波探头

超声波探头又称压电超声换能器,是实现电-声能量相互转换的能量转换器件。

1. 探头的种类与结构

由于工件形状和材质、检测目的和检测条件等不同,检测时将使用各种不同形式的探头。

下面介绍焊缝检测中常使用的几种探头。

(1) 直探头 声束垂直于被检工件表面入射的探头称为直探头。它可发射和接收纵波。其典型结构如图3-10a所示,它由压电元件、吸收块、保护膜和壳体等组成。直探头的外观如图3-10b所示。

1) 压电元件是将压电材料切割成一定形状和一定尺寸的压电晶片,在晶片两面敷上银层而制成的。涂敷的银层作为电极与探伤仪连接而实现声-电能的相互转换。

2) 吸收块主要由环氧树脂和钨粉制成,浇铸在晶片背面。其作用是吸收杂波,并使晶片在激励电脉冲结束后,将声能很快损耗掉而停止振动,以便接收来自工件内的反射回波。

3) 保护膜可避免使压电元件因与工件直接接触而磨损、碰坏。保护膜有软、硬之分,其中软膜(耐磨橡胶、塑料等)用于粗糙表面的工件;硬膜(不锈钢片、刚玉片、环氧树脂等)声能损失小,比软膜应用广泛。

4) 壳体由金属或塑料制成,其中安装有压电元件、吸收块、保护膜,外部装有小型电缆接插件。金属壳体常用作压电元件的接收极。

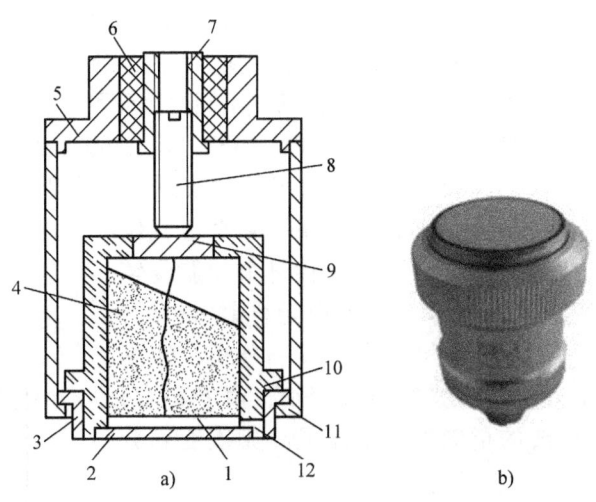

图 3-10 直探头结构与外观

a）直探头结构　b）直探头外观

1—晶片　2—保护膜　3—接地铜圈　4—吸收块　5—金属盖　6—绝缘柱
7—接触座　8—导线螺杆　9—接线片　10—晶片座　11—金属外壳　12—地线

（2）斜探头　利用透声斜楔块使声束倾斜于工件表面射入工件的探头称为斜探头。典型的斜探头结构如图 3-11a 所示，它是由探头芯、斜楔块、吸收块和壳体等组成。探头芯是

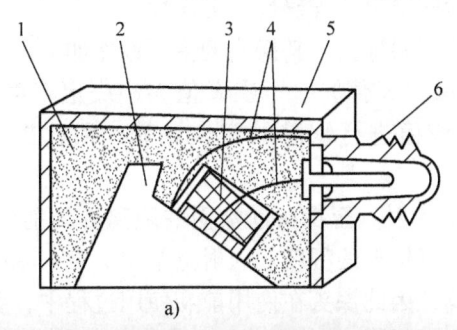

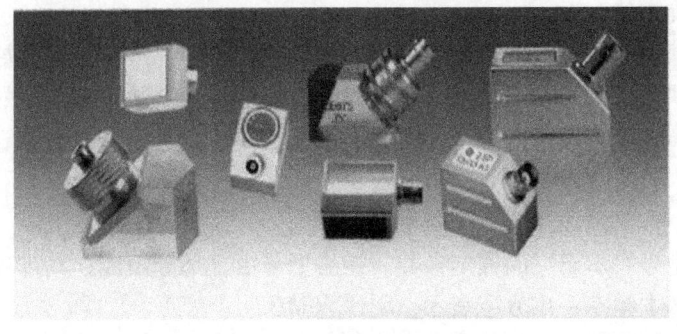

图 3-11 斜探头结构与外观

a）斜探头结构　b）斜探头外观

1—吸收块　2—斜楔块　3—压电元件　4—内部电源线　5—壳体　6—插头

斜探头的核心，由压电元件和吸收块组成。斜楔块由有机玻璃制成，它与工件组成固定倾斜的异质界面，使压电元件发射的超声波通过波形转换，使在工件中传播的只有折射横波。斜楔块的角度不同，就使得入射工件的超声波的角度不同，因而可以探测不同厚度的工件。通常斜探头是以横波在钢中的折射角标称：$\gamma = 40°$、$45°$、$50°$、$60°$、$70°$；或以折射角的正切值标称：$K = \tan\gamma = 1.0$、1.5、2.0、2.5、3.0。斜探头的外观如图 3-11b 所示。

（3）水浸聚焦探头 该探头是由超声探头和声透镜组合而成的，其结构如图 3-12 所示。声透镜由环氧树脂浇铸成球形或圆柱形凹透镜，类似光学透镜能使光线聚焦一样，可使超声波束聚集成一点（点聚焦探头）或一条线（线聚焦探头）。由于聚焦探头使超声波的声束变细，声能集中，因而可大幅度提高超声波的指向性，从而提高灵敏度和分辨力。

（4）双晶探头 双晶探头又称分割式探头，内含两个压电晶片，分别为发射、接收晶片，中间用隔声层隔开。主要用于探测近表面缺陷和薄工件的测厚。

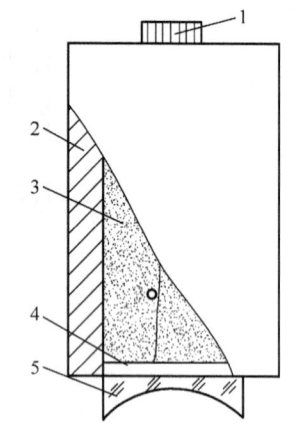

图 3-12 水浸聚焦探头基本结构
1—插头 2—壳体 3—阻尼块
4—压电晶片 5—声透镜

2. 探头的主要参数

超声波检测时，探头性能直接影响检测的结果。因此，探头的有关性能指标（探头使用过程中由于磨损会发生变化）需要定期检测，以保证检测结果的准确性与可靠性。

焊缝超声波检测常使用斜探头。斜探头的主要性能如下。

（1）折射角 γ（或探头 K 值） γ 或 K 值大小决定声束入射工件的方向和在工件中的传播途径，可以依据该值进行缺陷的定位计算，因此探头使用磨损后应重新测量 γ 或 K 值。

（2）前沿长度 声束入射点至探头前端面的距离称为前沿长度，又称接近长度。它反映了探头对有余高的焊缝可接近的程度。入射点是探头声束轴线与斜楔块底面的交点。入射点对缺陷定位有重要影响，因此探头在使用前和使用过程中，要经常测定入射点的位置，以便对缺陷进行准确定位。

（3）声轴偏离角 声轴偏离角是主声束中心轴线与晶片中心法线的夹角。该角会影响缺陷定位和测量缺陷指示长度的精度，还会影响检测操作者对缺陷方向性的判断，从而影响对缺陷的分析。声轴偏离角应符合 GB/T 11345—2013《焊缝无损检测 超声检测 技术、检测等级和评定》标准规定。

3. 探头型号

通常，探头型号表示出它的额定参数。探头型号由五部分组成，其排列顺序如下：
第一位表示基本频率，用数字表示，单位为 MHz。
第二位表示晶片材料，用化学元素符号的缩写表示。常用压电材料及代号见表 3-4。
第三位表示晶片尺寸，用数字表示，单位为 mm。其中圆形晶片用直径表示；方形晶片用长×宽表示。
第四位表示探头种类，用汉语拼音缩写字母表示，直探头也可以不标出。常用探头种类及代号见表 3-5。

表3-4 常用压电材料及代号

压电材料	代号	压电材料	代号
锆钛酸铅陶瓷	P	碘酸锂单晶	I
钛酸钡陶瓷	B	石英单晶	Q
钛酸铅陶瓷	T	其他压电材料	N
铌酸锂单晶	L		

表3-5 常用探头种类及代号

探头种类	代号	探头种类	代号
直探头	Z	水浸探头	SJ
斜探头（用K值表示）	K	表面波探头	BM
斜探头（用折射角表示）	X		

第五位表示探头特征。斜探头为 K 值或折射角 γ（单位为°）；水浸聚焦探头为水中焦距，单位为 mm，最末尾附加 DJ 表示点聚焦，附加 XJ 表示线聚焦。

斜探头 K 值与折射角的关系见表3-6。

表3-6 斜探头 K 值与折射角的关系

K（$\tan\gamma$）	1	1.5	2	2.5	3
折射角（γ）	45°	56°	63°	68°	72°

探头型号举例说明如下：

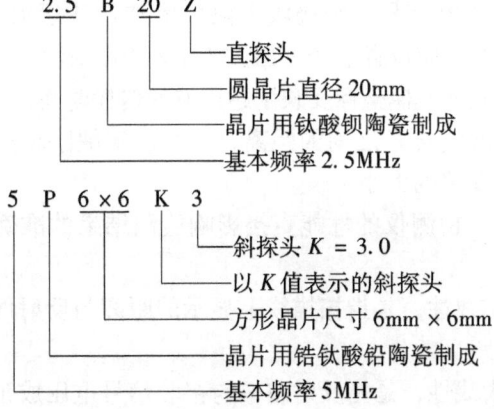

二、超声波检测仪

超声波检测仪是检测的主体设备，其主要功能是产生与超声波频率相同的电振荡，激励探头发射超声波；同时，它又将探头接收的回波转换成电信号并予以放大、处理，再以一定方式在示波屏上显示出来。

1. 超声波检测仪的分类

（1）按超声波的连续性分类 按超声波的连续性可将超声波检测仪分为脉冲波、连续波和调频波三种。由于后两种检测仪的灵敏度低，缺陷测定有较大局限性，故在焊缝检测中不采用。

（2）按显示缺陷的方式分类　按显示缺陷的方式可将超声波检测仪分为 A 型显示（缺陷波幅显示）、B 型显示（缺陷俯视图像显示）、C 型显示（缺陷侧视图像显示）和 3D 型显示（缺陷三维图像显示）四种。

（3）按超声波的通道数目分类　按超声波的通道数目又可将超声波检测仪分为单通道和多通道两种。前者是由一个或一对探头单独工作；后者是由多个或多对探头交替工作，而每一通道相当于一台单通道探伤仪，适用于自动化检测。

目前，焊缝检测中广泛使用的是 A 型显示脉冲反射式单通道超声波检测仪。

2. A 型脉冲反射式超声波检测仪

A 型脉冲反射式超声波检测仪相当于一台专用示波器。这里只简单介绍其工作原理及与检测结果有直接关系的性能。

（1）工作原理　A 型脉冲反射式超声波检测仪原理如图 3-13 所示。接通电源后，同步电路产生的触发脉冲同时加在扫描电路和发射电路。扫描电路受触发后产生的锯齿波电压加到示波管水平轴（x 轴）上，从而在示波屏上产生一条水平扫描基线，又称

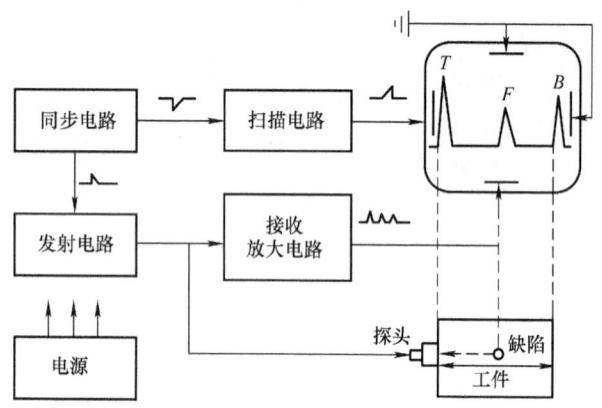

图 3-13　A 型脉冲反射式超声波检测仪原理

时间基线。与此同时，发射电路受触发后产生高频脉冲加至探头，激励压电晶片振动而产生超声波，超声波经耦合剂导入工件，在工件中传播时遇到缺陷或底面即发生反射，反射回波被同一探头接收并被转换成电信号，经接收电路放大和检波后加到示波管垂直轴（y 轴）上，在示波屏水平扫描线的相应位置上产生始波 T（表面反射波）、缺陷波 F、底波 B。

实际上，该检测仪示波屏上横坐标反映了超声波的传播时间，纵坐标反映了反射波的振幅。因此，通过始波 T 与缺陷波 F 之间的距离，即可确定缺陷距离表面的位置，同时根据缺陷波 F 的高度，可确定缺陷的大小。

（2）检测仪主要性能　检测仪的性能直接影响检测结果的准确性，因此有关标准对检测仪的性能做了规定。

1）水平线性又称扫描线性，是指扫描线上显示的距离与反射体距离成正比的程度，它关系到缺陷定位的准确性。

2）垂直线性又称放大线性，是指反射波幅与接收信号电压成正比的程度，它关系到缺陷定量的准确性。

3）动态范围是指示波屏上回波高度从满刻度（100%）降至消失时仪器衰减器的变化范围。该变化范围越大，能检测出的缺陷越小。

3. 数字式超声波检测仪简介

TUD500 手持式数字超声波检测仪如图 3-14 所示。它是一种便携式工业无损检测仪器，它能够快速便捷、无损伤、精确地进行工件内部多种缺陷（裂纹、夹杂、气孔等）的检测、定位、评估和诊断，既可以用于实验室，又可以用于工程现场。该检测仪广泛地应用在制造业、钢铁冶金业、金属加工业、化工业等需要缺陷检测和质量控制的领域，也可以应用于航

空航天、铁路交通、锅炉压力容器等领域的在役安全检查与寿命评估。

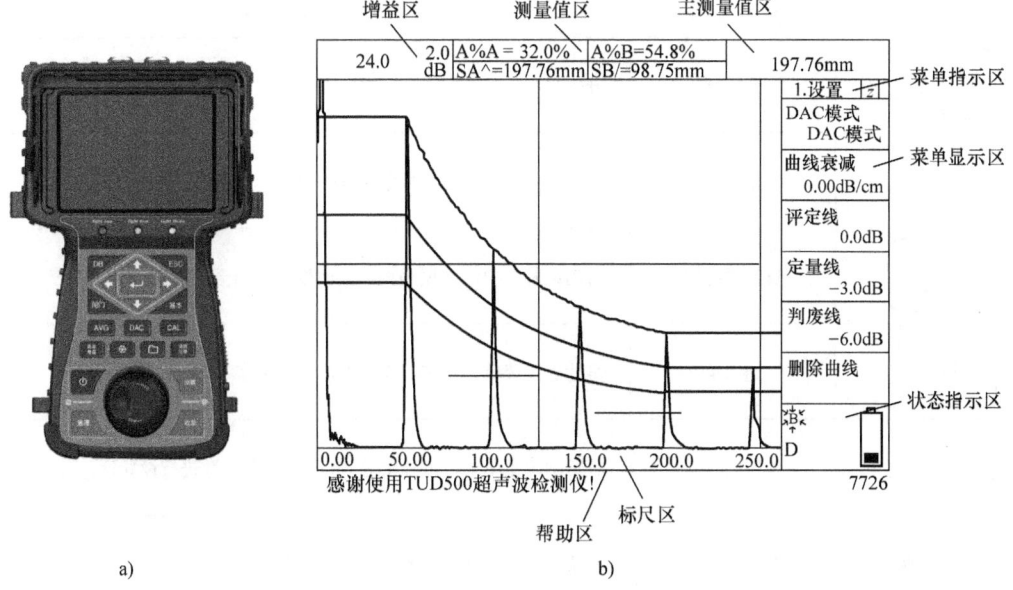

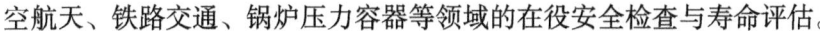

a) b)

图 3-14 TUD500 手持式数字超声波检测仪

a）检测仪外观 b）检测仪的屏幕显示

（1）检测仪的组成及各按键的功能 TUD500 手持式数字超声波检测仪各组成部分的名称如图 3-15 所示，操作面板如图 3-16 所示，按键图示、名称及功能见表 3-7。

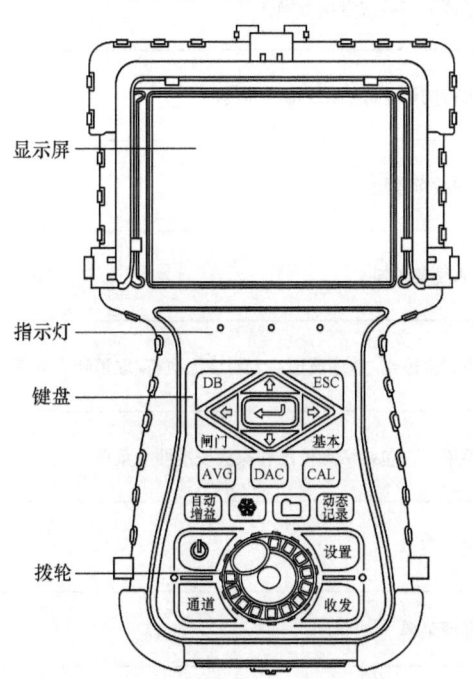

图 3-15 TUD500 手持式数字超声波检测仪各组成部分的名称

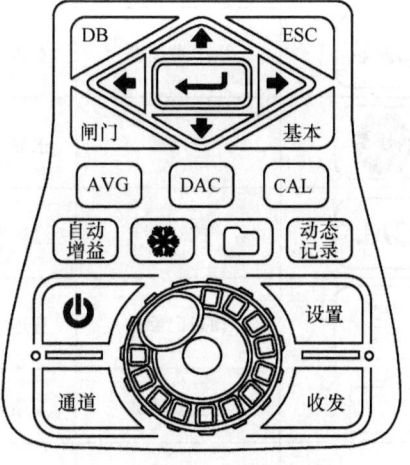

图 3-16 TUD500 手持式数字超声波检测仪的操作面板

表3-7 TUD500手持式超声波检测仪各按键的图示、名称及功能

按键图示	按键名称	按键功能
 ⏻	开关键	开关机
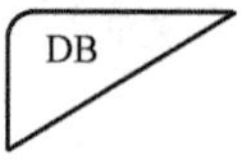 DB	增益键	进入增益编辑状态，可循环选中增益、增益步距进行编辑
 自动增益	自动增益键	自动调整增益使A闸门内回波幅度自动调至80%波高
 通道	通道键	直达通道菜单，可进行检测工艺参数保存、调出、编辑等操作
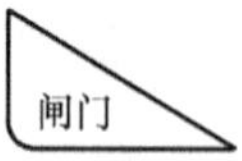 闸门	闸门键	直达闸门菜单组，可分别对A、B闸门各参数进行设置
 ← →	左键、右键	在菜单视窗中减小、增大选中菜单项的设置值
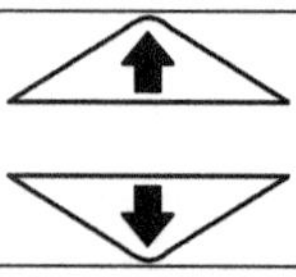 ↑ ↓	上键、下键	在菜单视窗中向上、向下选中菜单项
 ↵	确认键	确认、粗细调节切换或者执行操作
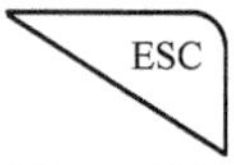 ESC	取消键	取消正在进行的设置或退回到测量状态
 AVG	AVG曲线键	直达AVG曲线菜单组
 DAC	DAC曲线键	直达DAC曲线菜单组
 ❄	冻结键	根据冻结模式来冻结/解冻波形或者对波形执行/取消特定处理
 CAL	校准键	直达校准菜单组，包括两点校准和探头校准两个菜单
 动态记录	动态记录键	直达动态记录菜单
 📁	数据管理键	直达数据管理菜单
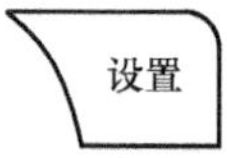 设置	设置键	直达显示和设置菜单

(续)

按键图示	按键名称	按键功能
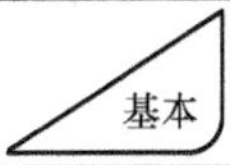 基本	基本设置键	直达基本设置菜单
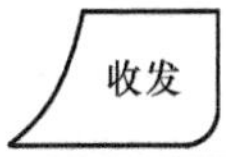 收发	收发键	直达发射接收菜单
 (拨轮)	拨轮	用于数字输入、数值增减、功能选择

（2）检测仪的技术参数及性能特点　TUD500 手持式数字超声波检测仪的主要技术参数见表 3-8，其性能特点见表 3-9。

表 3-8　TUD500 手持式数字超声波检测仪的主要技术参数

项　目	技　术　参　数
扫描范围/mm	2.5~10000
增益范围/dB	0~110
脉冲移位/μs	-20~+3400
探头延时/μs	0~750.00
声速/(m/s)	600~16000

表 3-9　TUD500 手持式数字超声波检测仪的性能特点

项　目	性　能　特　点
显示	可同时显示 A 扫描和 B 扫描波形
	可同时显示 5 个不同的测量值
	具有丰富实用的波形冻结、峰值、比较、包络功能
	多种配色方案可选，亮度可调，满足不同环境需要
	中英文语言选择
检测功能	标准动态 DAC 曲线
	动态 AVG 曲线
	两个独立闸门丰富的测量功能
	峰值检测：实时检测缺陷最高波，标定缺陷最大值
	缺陷定位：水平位置、深度位置、声程
	缺陷定量：AWS D1.1、DAC SL、AVG 等多种定量方式
	探头频率测量功能
	两点校准及斜探头校准功能
	裂纹测高功能
数据存储	具有检测参数存储、复制、调出功能，可存储 50 个通道
	可为通道增加注释以方便识别通道
	具有 A 扫描和 B 扫描的波形存储、回放功能，可存储 1000 幅波形
	动态记录：高达 4×2000 帧的实时波形存储及回放
	可集中编辑参数并与波形同时显示

(续)

项 目	性 能 特 点
通信与打印	可通过 USB 外接打印机打印检测报告
	可通过 USB 外接 U 盘进行参数、波形的存取操作
	可通过 USB 与计算机通信,可将参数、波形、屏幕及文件信息上传至计算机
其他功能	可设置多种模式的声、光报警
	闸门进波、失波报警
	具有系统参数的加锁/解锁功能
	实时时钟

(3) 检测仪的基本操作

1) 准备好待测工件。

2) 将探头电缆线插头插入仪器上方的插座中,旋紧插头。

3) 选择好工作电源,按住开关键直到听到蜂鸣器响起,仪器启动。

4) 仪器播放欢迎画面,显示版本信息。

5) 仪器载入上次关机时的设置,开机完成。

6) 检查电池电压。

7) 检查是否需要校准仪器,若需要,则应由有资质的人员进行仪器校准。

8) 对试件进行检测。

9) 关机,按住开关键直到显示关机画面。

三、试块

射线探伤的灵敏度是通过使用"人工缺陷"像质计来衡量的。而超声波探伤的灵敏度则是通过试块来确定的。试块是按一定用途设计制作的具有简单形状人工反射体的试件。它是探伤标准的一个组成部分,是判定探伤对象的重要尺度。

根据使用目的和要求,通常将试块分为标准试块和对比试块两大类。

1. 标准试块

标准试块是由法定机构对材质、形状、尺寸、性能等做出规定和检定的试块。由国际机构(如国际焊接学会、国际无损检测协会等)制定的标准试块,称为国际标准试块,如 IIW 试块;由国家机构制定的标准试块称为国家标准试块,如日本 STB-G 试块。

GB/T 11345—2013 规定:CSK-IB 试块为焊缝探伤用标准试块。该试块是 ISO—2400 标准试块(即 IIW-I 型试块)的改变形,其尺寸和形状如图 3-17 所示。

CSK-IB 试块的主要用途:

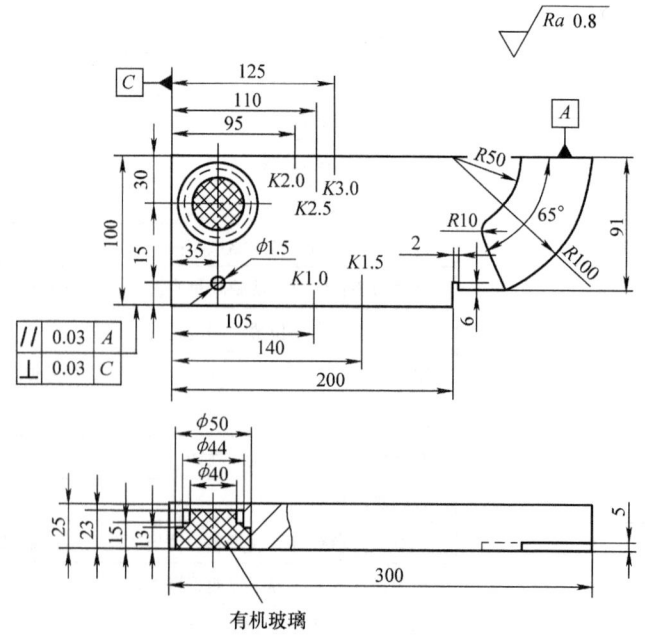

图 3-17 CSK-IB 试块

1) 测定探头入射点。把探头放在 CSK-IB 试块上前后移动，找出 $R100\text{mm}$ 圆弧面的最高反射波，此时在斜楔块上与 $R100\text{mm}$ 圆弧面圆心对应的点即为探头的入射点，同时还可求得入射点至探头底面前端的距离，即前沿长度，如图 3-18 所示。

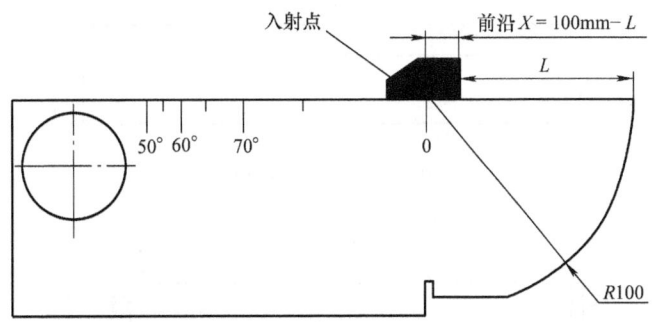

图 3-18　探头入射点的测定

2) 测定斜探头 K 值。利用 $\phi 50\text{mm}$ 孔的反射，用同样的方法找出最高反射波，此时与入射点对应的 K 值即为该探头的 K 值，如图 3-19 所示。斜探头 K 值是超声波在被检工件中折射横波折射角的正切值，也可以用下面的计算公式得到：

$$K = \frac{P+X}{d} = \frac{(L-35\text{mm})+X}{30\text{mm}}$$

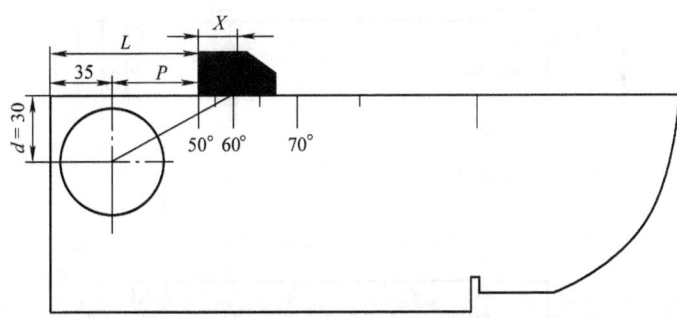

图 3-19　斜探头 K 值的测定

3) 校验探伤仪的水平线性和垂直线性。

4) 利用 $\phi 1.5\text{mm}$ 横通孔的反射波调整探伤灵敏度，利用 $R100\text{mm}$ 圆弧面调整探测范围。

2. 对比试块

对比试块又称参考试块，它是由各专业部门按某些具体探伤对象规定的试块。GB/T 11345—2013 规定 RB 试块为焊缝探伤用对比试块。该试块有三种，分别适用于不同的板厚即 RB-1（适用于 8～25mm 板厚）、RB-2（适用于 8～100mm 板厚）和 RB-3（适用于 8～150mm 板厚），其形状和尺寸如图 3-20～图 3-22 所示。

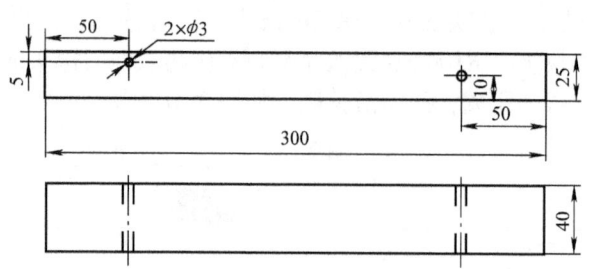

图 3-20 RB-1 试块

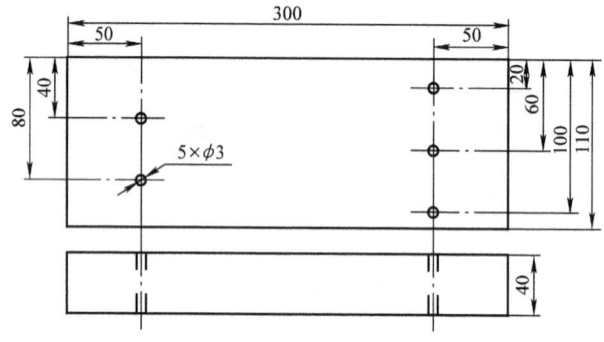

图 3-21 RB-2 试块

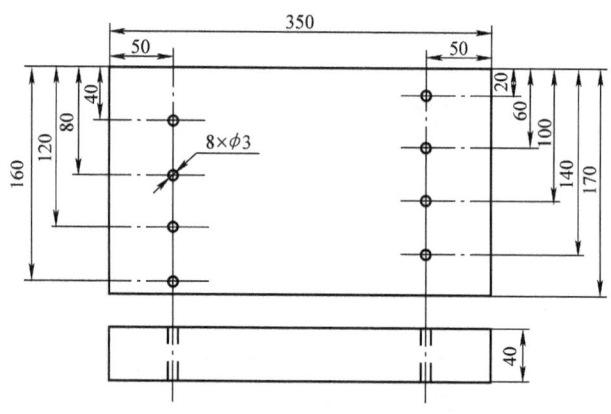

图 3-22 RB-3 试块

RB 试块主要用于绘制距离-波幅曲线，调整探测范围和扫描速度，确定探伤灵敏度和评定缺陷大小。它是对工件进行评级、判废的依据。

第三节 超声波检测原理及应用

在超声波检测中，由于探头与工件接触方式不同，超声波检测的原理和适用的范围也有所不同。

一、直接接触法

使探头直接接触工件进行检测的方法称为直接接触法。由于超声波的性质，一般认为超声波不能在空气中传播,因此使用直接接触法时,应在探头和被探工件表面之间使用耦合剂,作为传声介质。常用的耦合剂有机械用油、变压器用油、甘油、化学浆糊、水及水玻璃等。焊缝探伤多采用化学浆糊和甘油。耦合剂层很薄,因此可以认为探头与工件直接接触。

直接接触法主要采用 A 型脉冲反射法探伤仪的工作原理,由于操作方便,探伤图形简单,判断容易且探伤灵敏度高,因此在实际生产中得到最广泛应用。但该法对工件探侧面的表面质量要求较高,一般要求表面粗糙度值在 $Ra\,6.3\mu m$ 以下。

垂直入射法和斜射法是直接接触法超声波检测的两种基本方法。

1. 垂直入射法

垂直入射法(简称垂直法)是采用直探头将声束垂直入射工件表面进行检测。由于该法是利用纵波进行检测,故又称纵波法,如图 3-23 所示。当直探头在工件检测表面上移动时,经过无缺陷处检测仪示波屏上只有始波 T 和底波 B,如图 3-23a 所示。如探头移到有缺陷处,且缺陷的反射面比声束小时,则示波屏上出现始波 T、缺陷波 F 和底波 B,如图 3-23b 所示。若探头移至大缺陷(缺陷比声束大,超声波全部被反射)处时,则示波屏上只出现始波 T 和缺陷波 F,如图 3-23c 所示。

可以看出,垂直法能发现与检测表面平行或近似于平行的缺陷,适用于厚钢板、轴类、轮等几何形状简单的工件。

2. 斜射法

斜射法是采用斜探头将声束倾斜入射工件表面进行检测。由于它是利用横波进行检测,故又称横波法,如图 3-24 所示。当斜探头在工件检测表面上移动时,若工件内没有缺陷,则声束在工件内经多次反射将以"W"形路径传播,此时在示波屏上只有始波 T,如图 3-24a 所示。当工件存在缺陷,且该缺陷与声束垂直或倾斜角很小时,声束会被缺陷反射回来,此时示波屏上将显示出始波 T、缺陷波 F,如图 3-24b 所示。当斜探头接近板端时,声束将被端角或端面反射回来,此时在示波屏上将出现始波 T 和端角(面)波 B,如图 3-24c 所示。

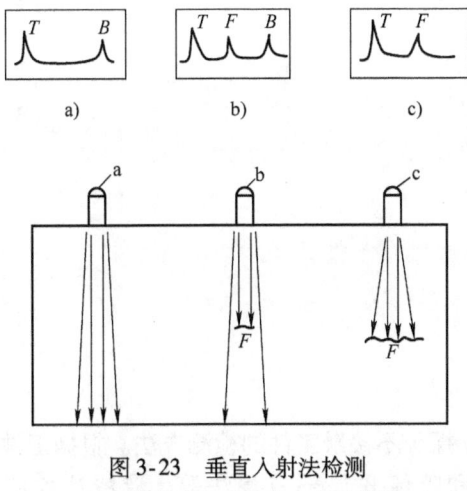

图 3-23 垂直入射法检测
a) 无缺陷 b) 小缺陷 c) 大缺陷

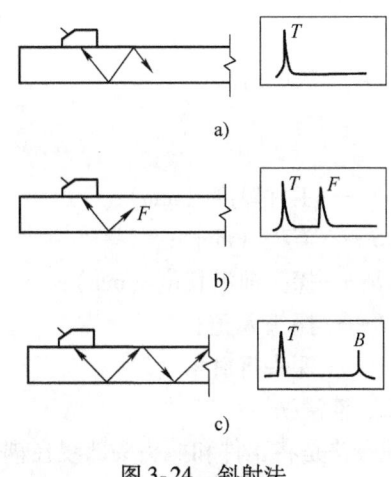

图 3-24 斜射法
a) 无缺陷 b) 有缺陷 c) 接近板端

显然,斜射法能发现与探测表面成角度的缺陷,常用于焊缝、环状锻件、管材的检查。

用斜射法检测焊缝,缺陷位于探头前面斜下方,但对缺陷的准确定位,需要根据探头与缺陷的几何关系来确定，如图3-25所示。

跨距点：声束中心线经底面反射后到达探伤面的一点，图3-25中的A点。

跨距p：探头入射点（O）至跨距点（A）的距离。

直射法：在0.5跨距的声程以内，超声波不经底面反射而直接对准缺陷的检测方法，又称一次波法。

一次反射法：超声波只在底面反射一次而对准缺陷的检测方法，又称二次波法。

缺陷水平距离l：缺陷在检测表面的投影点至探头入射点的距离，又称探头缺陷距离。

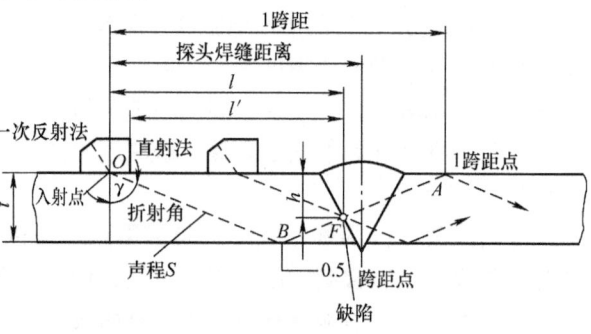

图3-25 焊缝斜角检测用语

简化水平距离l'：缺陷在检测表面的投影点至探头前端的距离。

缺陷深度h：缺陷距检测表面的垂直距离，又称缺陷的垂直距离。

根据三角函数基本公式，可有

0.5跨距	$p_{0.5} = t\tan\gamma$
1跨距	$p_1 = 2t\tan\gamma$
缺陷深度（直射法）	$h = S\cos\gamma$
缺陷深度（一次反射法）	$h = 2t - S\cos\gamma$
水平距离	$l = S\sin\gamma$
简化水平距离	$l' = l - b = S\sin\gamma - b$

水平距离与深度间的关系：

（1）直射法

$$l = h\tan\gamma = Kh \tag{3-2}$$

$$h = l/\tan\gamma = \frac{l}{K} \tag{3-3}$$

（2）一次反射法

$$l = (2t - h)K \tag{3-4}$$

$$h = 2t - \frac{l}{K} \tag{3-5}$$

式中　t——工件厚度（mm）；
　　　S——声程（mm）；
　　　b——探头前沿长度（mm）；
　　　K——探头K值；
　　　γ——探头折射角（°）。

二、液浸法

液浸法是将工件和探头头部浸在耦合液体中，探头不接触工件的检测方法。根据工件和探头浸没方式，分为全没液浸法、局部液浸法和喷流式局部液浸法等。液浸法检测如图3-26所示。

液浸法检测由于探头与工件不直接接触，因此它具有探头不易磨损、声波的发射和接收比较稳定、探测速度快等优点。常用于坯材和型材（无缝钢管、不锈钢管等）、特殊工件

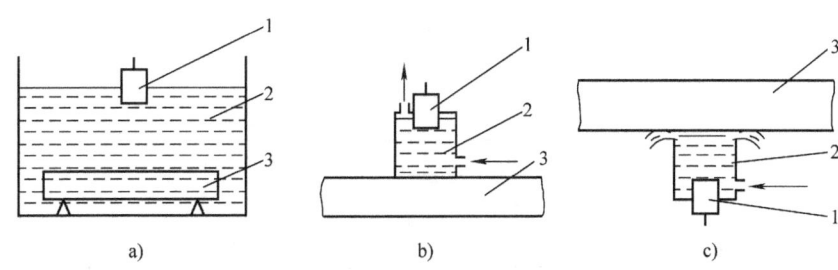

图 3-26　液浸法检测
a) 全没液浸法　b) 局部液浸法　c) 喷流式局部液浸法
1—探头　2—耦合液体　3—工件

（双金属的粘结层、复合材料等）和焊缝的精密检测。其主要缺点是：它需要一些辅助设备，如液槽、探头桥架、探头操纵器等。同时，由于液体耦合层一般较厚，因此声能损失较大。

第四节　直接接触法超声波检测

直接接触法超声检测是通过检测仪示波屏上回波的位置、高度、波形的静态和动态特征来显示被检测质量优劣的。对焊缝检测而言，该方法主要执行标准GB/T 11345—2013《焊缝无损检测　超声检测　技术、检测等级和评定》。

承压类特种设备如锅炉、压力容器、受压管道等的制造、验收和使用都对焊缝的无损检测有相应的标准。标准中明确规定了检测方法和条件，如管道环缝检测标准为 GB/T 15830—2008《无损检测　钢制管道环向焊缝对接接头超声检测方法。》

实验二　任务书

一、直接接触法超声检测工艺

超声检测通常要当即给出检验结果，因此一般安排两人同时工作，其中至少应有一名Ⅱ级人员担任主检。超声检测的依据是检测工艺卡。检测工艺卡应包括被检工件的原始数据以及超声检测的方法、部位、标准、技术要求等，见表3-10。

在检测前应根据被检工件的要求，完成以下准备工作，填写检测工艺卡。

1. 检测等级的确定

超声检测的结果与缺陷存在的位置、形状和方向有直接关系。与波束垂直的缺陷检出率最高，所以超声检测中一般根据对焊缝探测方向的多少和焊接接头的质量要求，把超声检测划分为若干个检测级别。GB/T 11345—2013 中把检测划分为 A、B、C 和 D 四个级别：

从检测等级 A 到检测等级 C，增加检测覆盖范围（如增加扫查次数和探头移动区），提高缺欠检出率。检测等级 D 适用于特殊应用。通常，检测等级与焊缝质量等级有关。相应检测等级可由焊缝检测标准、产品标准或其他文件规定。

值得注意的是，检测的完善程度与检测工作量、生产周期、检测成本等有直接关系。检测时应根据工件的材质、结构特点、焊接方法、使用条件及承受载荷的不同合理选择检测等级。通常情况下，检测等级是按产品技术条件和有关规定进行选择的，或经合同双方协商选定。

表3-10 超声检测工艺卡

产品名称							产品（制造）编号		
工件	工件名称						厚度/mm		
	工件编号						规格/mm		
	检测项目		□板材 □管材 □锻件 □焊缝				材料牌号		
	检测部位编号						坡口形式		
	检测时机		□焊后 □返修后 □机加工后 □轧制后 □热处理后						
	表面状态						焊接方法		□手工焊 □自动焊 □氩弧焊
器材及参数	仪器型号						检测方法		□纵波检测 □横波检测
	探头型号						表面补偿		
	试块型号						检测面		□单面单侧 □双面单侧 □双面双侧 □轧制面
	耦合剂		□水 □机油 □甘油 □化学浆糊				扫查速度		
技术要求	检测标准						检测比例		
	合格级别						检测规程编号		
扫描线调节及说明									
灵敏度校准及设定									
扫查方式及说明									
缺陷记录									
不允许的缺陷									
扫查方式或扫查部位示意图									
编制人（资格）：　　　　年　月　日						编制人（资格）：　　　　年　月　日			

对接接头各检测等级的检测范围见表3-11和图3-27。

表3-11 对接接头各检测等级的检测范围

检测等级	母材厚度 /mm	纵向显示					横向显示		
		数量要求				合计扫查次数	数量要求		合计扫查次数
		探头角度	探头位置	探头移动区宽度	探头位置		探头角度	探头位置	
		L-扫查			N-扫查		T-扫查		
A	$8 \leq t < 15$	1	A或B	1.25p		2	1	(X和Y)或(W和Z)	4
	$15 \leq t < 40$	1	A或B	1.25p		2	1	(X和Y)或(W和Z)	4

(续)

检测等级	母材厚度/mm	纵向显示 数量要求 探头角度	探头位置	探头移动区宽度	探头位置	合计扫查次数	横向显示 数量要求 探头角度	探头位置	合计扫查次数
		L-扫查			N-扫查		T-扫查		
B	8≤t<15	1	A 或 B	1.25p		2	1	(X 和 Y) 或 (W 和 Z)	4
B	15≤t<40	2	A 或 B	1.25p		4	1	(X 和 Y) 或 (W 和 Z)	4
B	40≤t<60	2	A 或 B	1.25p		4	2	(X 和 Y) 或 (W 和 Z)	8
B	60≤t≤100	2	A 或 B	1.25p		4	2	(C 和 D) 或 (E 和 F)	4
C	8≤t<15	1	A 或 B	1.25p	G 或 H	3	1	(C 和 D) 或 (E 和 F)	2
C	15≤t≤40	1	A 或 B	1.25p	G 或 H	5	2	(C 和 D) 或 (E 和 F)	4
C	>40	2	A 或 B	1.25p	G 或 H	5	2	(C 和 D) 或 (E 和 F)	4

注：L-扫查：使用斜探头扫查纵向显示；

N-扫查：使用直探头扫查；

T-扫查：使用斜探头扫查横向显示。

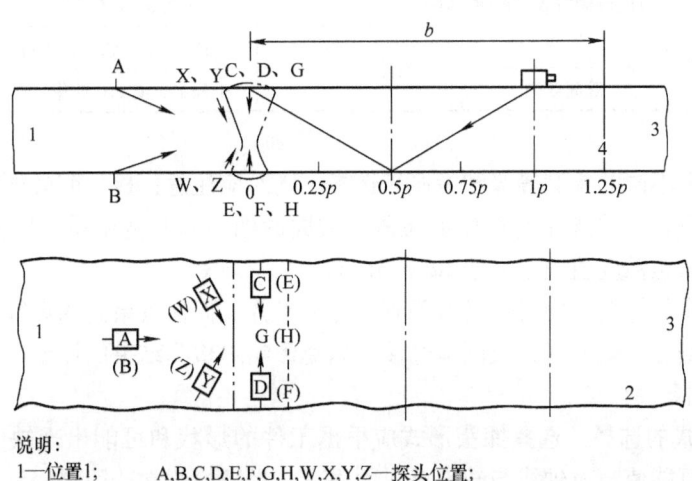

说明：
1—位置1；
2—位置2；
3—位置3；
4—位置4；

A,B,C,D,E,F,G,H,W,X,Y,Z—探头位置；
b — 与跨距(p)相关的探头移动区宽度(SZW)；
p — 全跨距。

图 3-27　对接接头各检测等级的检测范围

相应检测等级的主要检测项目见表 3-12。

2. 检测面及探伤方法的选择

选择检测方法要根据工件的结构特点和采用的焊接方法（不同焊接方法产生的缺陷有一定的规律性）的特点，并结合有关标准进行，见表 3-13。

表 3-12 相应检测等级的主要检测项目

检测项目	检测等级 A $t\leqslant 50$	B $t\leqslant 100$	B $t>100$	C $t\leqslant 100$	C $t>100$	备注
探头角度数量	1	1 或 2	2	2	2	
探伤面数量	1	1 或 2	2	1	2	
探伤侧数量	1	2	2	2	2	
串列扫查	0	0	0	0 或 2	2	
母材检验	0	0	0	1	1	
纵向缺陷探测方向与次数	1	2 或 4	4	≥6	10	
横向缺陷探测方向与次数	0	0 或 4	0 或 4	4	4	

表 3-13 检测面及检测折射角的使用

板厚/mm	检测面 A	检测面 B	检测面 C	检测方法	使用 K 值
≤25	单侧单面	单面双侧或双面单侧		直射法及一次反射法	2.5；2.0
>25~50	单侧单面	单面双侧或双面单侧			2.5；2.0；1.5
>50~100	无 A 级	单面双侧或双面单侧		直射法	1 或 1.5；1 和 1.5 并用；1 和 2.0 并用
>100	无 A 级	双面双侧			1 和 1.5 或 2.0 并用

检测面应根据不同的检测等级和板厚来选择。同时应注意：检测前必须对与探头接触的焊缝两侧进行修整，清除焊接时产生的飞溅、表面的油污和其他杂质，以便探头能移动方便。修整后的表面粗糙度值应不大于 $Ra\ 6.3\mu m$。

要求铲平余高的焊缝，应将余高打磨到与母材平齐。而保留余高的焊缝，若焊缝表面有咬边、焊瘤和凹陷等，则应修磨成圆滑过渡，以免影响对检测结果的评定。

3. 探头的选择

(1) 探头形式的选择 选择探头形式应根据工件的形状和可能出现缺陷的部位、方向等，原则上应尽可能使声束轴线与缺陷反射面垂直。焊缝检测常选用斜探头。

(2) 晶片尺寸的选择 晶片尺寸的大小主要影响声束的指向性和能量密度。实际检测时，对大厚度工件和粗晶材料的检测，常采用大晶片探头；而对较薄工件和表面曲率较大的工件的检测，则选用小晶片探头。

(3) 频率的选择 频率是制订探伤工艺的重要参数之一。频率高，探伤灵敏度及分辨力均提高，且声束指向性好；但同时造成超声波的衰减增大且对工件的表面粗糙度要求提高。因此，检测频率应根据工件的技术要求、材料状态及表面粗糙度等因素综合加以考虑。焊缝检测时，一般选用超声波频率以 2~5MHz 为宜，推荐采用 2~2.5MHz。

(4) 探头 K 值的选择 原则上应根据工件厚度和缺陷方向选择探头 K 值，要尽可能探测到整个焊缝及厚度，并使声束尽量垂直于主要缺陷。

焊缝检测中，薄工件宜采用 K 值大的探头；大厚度工件宜采用 K 值小的探头。对有些要求比较严格的工件，检测时最好采用不同 K 值的多个探头进行检查，以便发现不同方向的缺陷。

(5) 探头 K 值的测定　探头 K 值是指探头上的标注值，但该值常因各种因素（探头磨损等）而发生变化，因此检测时必须对选定的探头 K 值进行重新校验。其具体方法如下：

1) 测定探头入射点。把探头放在 CSK-IB 试块上前后移动，找出 R100mm 圆弧面最高反射波，此时在斜楔块上与 R100mm 圆弧面圆心对应的点即为探头的入射点，同时还可求得入射点至探头底面前端的距离，即前沿长度。

斜探头入射点测定

2) 测定探头 K 值。利用 ϕ50mm 孔的反射，用同样方法找出其最高反射波，此时与入射点对应的角度即为探头折射角，根据该角度即可求出探头 K 值。

4. 检测仪的调节

检测仪的调节包括两个方面：一是检测范围和扫描速度的调节；二是灵敏度的调整。

斜探头 K 值测定

(1) 检测范围的调节　检测范围的选择应以尽量扩大示波屏的观察视野为原则，一般要求受检工件的最大探测距离的反射信号位置应不小于刻度范围的 2/3。探伤范围可通过仪器上的"深度（粗调）"旋钮，改变它的不同档级来调节。

(2) 扫描速度的调节　调节扫描速度的目的是利用缺陷波与始波的相对位置关系对缺陷进行准确定位。

使用直探头检测时，底面反射波很容易找到，可利用已知尺寸的试块不同底面反射波的前沿，通过调节仪器上"深度""微调""水平"旋钮使其分别对准示波屏上相应刻度值来实现。但在斜角法探伤中找不到底面反射波，因此调整扫描速度比较困难。

检测仪横波扫描速度有声程、水平和深度三种调节方法。在焊缝探伤中推荐：厚板($t \geqslant$ 32mm) 焊缝采用深度调节法；中薄板 ($t \leqslant$ 24mm) 焊缝采用水平调节法。

1) 深度 1:1 调节法。该法是利用 CSK-IB 试块上 R50mm、R100mm 圆弧面来调节扫描速度，使示波屏刻度板的读数与探头入射点距反射体的垂直距离形成 1:1 的一种定位方法。调节方法如下：

① 先计算 CSK-IB 试块上 R50mm、R100mm 圆弧面反射波 B_1、B_2 对应的深度 Z_1、Z_2，即

$$Z_1 = \frac{50}{(1+K^2)^{1/2}}$$

$$Z_2 = \frac{100}{(1+K^2)^{1/2}} = 2Z_1$$

式中　K——斜探头实测的 K 值。

② 探头入射点对准圆心。

③ 调节检测仪（调节深度、微调、水平旋钮），使 B_1、B_2 前沿分别对准示波屏上相应水平刻度值，必须注意使 $Z_2 = 2Z_1$，此时深度 1:1，即调节好。

2) 水平 1:1 调节法。此法是把示波屏刻度板的读数代表探头入射点距反射体的水平距

离的一种定位方法。调节方法如下。

① 先计算 CSK-IB 试块上 $R50\text{mm}$、$R100\text{mm}$ 圆弧面反射波 B_1、B_2 对应的水平距离 L_1、L_2，即

$$L_1 = \frac{50K}{(1+K^2)^{1/2}}$$

$$L_2 = \frac{100K}{(1+K^2)^{1/2}} = 2L_1$$

② 探头入射点对准圆心。

③ 调节检测仪，使 B_1、B_2 前沿分别对准示波屏上相应水平刻度值，必须注意使 $L_2 = 2L_1$，此时水平 1:1，即调节好。

同理，可实现对仪器进行 $1:n$ 扫描速度调节。

（3）检测灵敏度的选定及其调整

1）检测灵敏度的选定。探伤灵敏度是指在确定的探测范围内的最大声程处发现规定大小缺陷的能力。它是仪器和探头组合后的综合指标，可通过调节仪器上的有关灵敏度的旋钮来调节。

超声波检测的灵敏度是以发现规定采用的对比试块上的人工缺陷来判定的。在 GB/T 11345—2013 中规定，不同检验级别的焊缝其检测灵敏度是通过取 $\phi3\text{mm}$ 长横孔反射波幅的一定的百分比来实现。另一方面，超声波检测的灵敏度很高，可以发现很细小的焊缝缺陷。但只有当缺陷尺寸达到一定数值时，对其控制才有实际意义。因此，标准中规定超声波检测的灵敏度采用三档，即评定线（EL）、定量线（SL）和判废线（RL），如图 3-28 所示。评定线以上至定量线以下为Ⅰ区（弱信号评定区）；定量线至判废线以下为Ⅱ区（长度评定区）；判废线及以上区域为Ⅲ区（判废区）。GB/T 11345—2013 中规定的各级灵敏度见表 3-14。表中 DAC 代表不同深度 $\phi3\text{mm}$ 孔反射波的高度。为计测方便起见，表中将测量波幅的百分比值换算成其对数的分贝值。

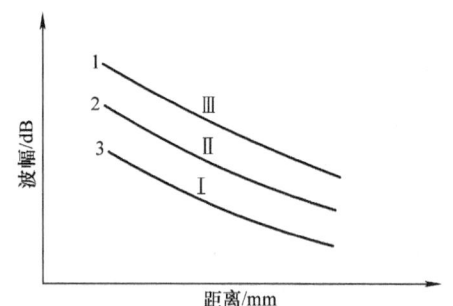

图 3-28 距离-波幅曲线示意图
1—判废线（RL） 2—定量线（SL） 3—评定线（EL）
Ⅰ—弱信号评定区 Ⅱ—长度评定区 Ⅲ—判废区

表 3-14 距离-波幅曲线的灵敏度

检验等级 板厚/mm DAC(AVG)	A	B	C
	8~50	8~300	8~300
判废线（RL）	DAC	DAC-4dB	DAC-2dB
定量线（SL）	DAC-10dB	DAC-10dB	DAC-8dB
评定线（EL）	DAC-16dB	DAC-16dB	DAC-14dB

应当注意，灵敏度会因仪器使用时间长或电源变动而发生变化，为了使检测过程灵敏度保持一致，必须在检测过程中定期校验。每次校验的校验点应不少于两个，如发现校验点的

反射波比 DAC 线降低 20% 或 2dB 以上，仪器灵敏度应重新调整。

2）距离-波幅曲线的绘制。依据 GB/T 11345—2013 的规定，板厚为 8mm <t≤100mm 时，可采用 RB-2 对比试块和深度调节定位法绘制距离-波幅曲线（DAC 曲线）。具体绘制步骤如下：

① 测定探头入射点和探头折射角。把探头放在 CSK-ZB 试块上前后移动，找出 R100mm 圆弧面最高反射波，此时在斜楔块上与 R100mm 圆弧面圆心对应的点即为探头的入射点，同时还可求得入射点至探头底面前端的距离，即前沿长度。

② 选取试块上与检测深度接近的横孔，例如孔深 A_1 = 20mm 的 ϕ3mm 横通孔，将探头置于试块探测面上，声束指向该孔。调节探头位置使回波达到最高，通过增益的增加或减少使该反射波幅为示波屏上某一高度（一般为满刻度的 40%），该波高即为基准波高，记下此时的分贝值。

③ 在试块上检测孔深 A_2 = 40mm 的 ϕ3mm 横通孔，使回波达到最高。此时由于声程增加了，超声波的衰减随之增大，其回波有所下降，即低于基准高度。调节检测仪的"衰减器"旋钮（应注意此时不能再调节"增益"旋钮），将回波调至基准波高，记下此时的分贝值。

④ 重复步骤③，依次测定孔深为 A = 60mm、80mm……的 ϕ3mm 横通孔，记下相应的分贝值。

⑤ 根据记录的数据在坐标纸上做出 ϕ3mm 横通孔的距离-波幅曲线，如图 3-29 所示，该曲线即为对于所用探头和 ϕ3mm 横通孔，用于焊缝检测的实用 DAC 曲线。

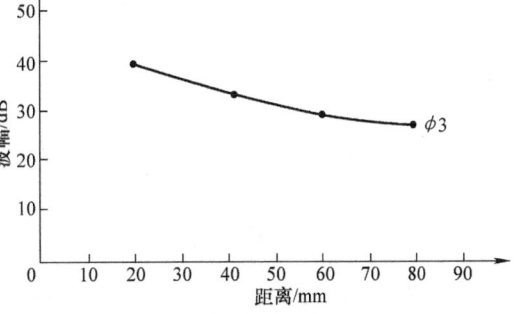

图 3-29　距离-波幅曲线示意图（DAC 曲线）

3）灵敏度设定和等级。灵敏度设定和随后的焊缝检测，应采用相同的技术。GB/T 11345—2013 中规定了四个等级，分别是参考等级、评定等级、记录等级和验收等级。记录等级对应两个验收等级，其值为相关验收等级 -4dB；验收等级对应两个质量等级。如采用 ϕ3mm 直径的横孔技术的验收等级 2 级和 3 级，适用于 8~15mm 板厚的灵敏度等级如图 3-30 和图 3-31 所示；适用于 15~100mm 板厚的灵敏度等级如图 3-32 和图 3-33 所示。其等级的规定见表 3-15。

DAC 曲线制作

二、对接焊缝超声检测操作步骤

焊接接头区域的危害性缺陷，特别是延迟裂纹，是焊件在焊后冷却到室温时所产生的，具有延迟现象，它并不是在焊后立即产生，而是通常在焊后数小时或者更长时间后产生，因此检测必须在延迟裂纹产生后进行。所以，把握好焊后的检测时机，以防止延迟裂纹的漏检，是十分重要的。

对于一般材质的焊接接头，规定检测在焊后一定时间实施。但如果焊接接头很厚，刚度和焊接应力比较大及对于有延迟倾向的材料，焊后实施检测的时间应该适当延长。低合金高强度钢焊件，检测时间一般规定在焊接完成 24h 以后；对于强度更高的低合金高强度钢焊件，或者刚度和焊接应力极大的焊件，焊后实施检测的时间可以延长至 5~7 天以后。

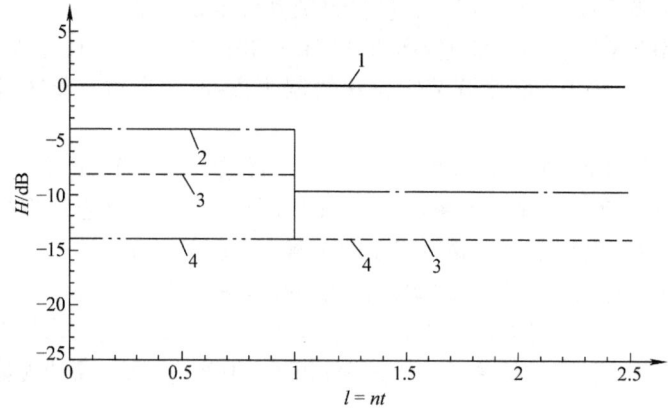

说明：
1—参考等级；　　　　H—回波幅度；
2—验收等级2级；　　l—显示长度；
3—记录等级；　　　　n—板厚t的倍数；
4—评定等级；　　　　t—板厚。

图 3-30　适用于板厚 8~15mm 的横孔技术的灵敏度等级（验收等级 2 级）

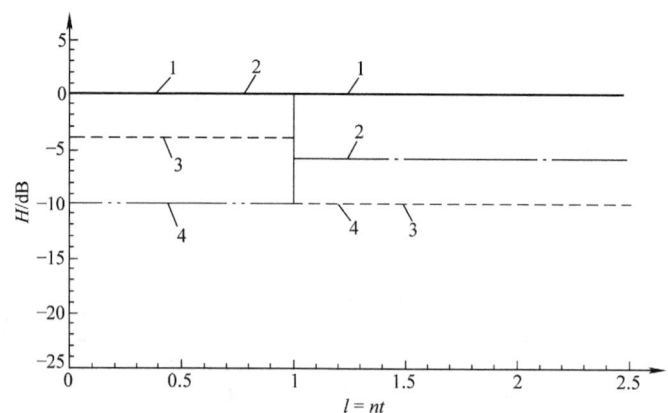

说明：
1—参考等级；　　　　H—回波幅度；
2—验收等级3级；　　l—显示长度；
3—记录等级；　　　　n—板厚t的倍数；
4—评定等级；　　　　t—板厚。

图 3-31　适用于板厚 8~15mm 的横孔技术的灵敏度等级（验收等级 3 级）

1. 确定检验区宽度

检验区宽度应是焊缝宽度加上焊缝两侧相当于母材厚度 30% 的区域，一般为 10~20mm。

2. 确定探头移动区

检测时，探头必须在检测表面上做前后左右的移动扫查，且应有一定的移动区宽度，以保证声束能扫查到整个焊缝截面。移动区宽度因采用的检测方法不同而有所差别。

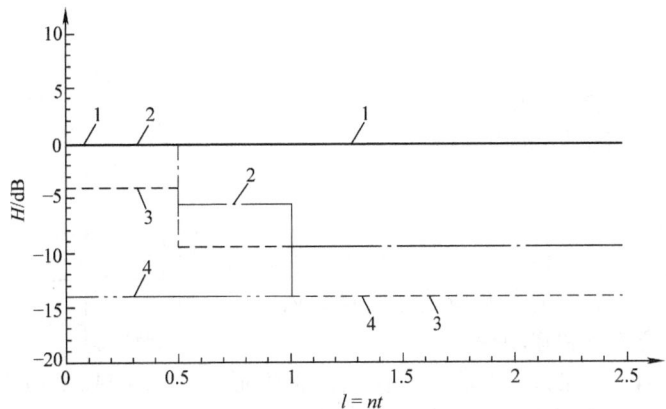

说明:
1—参考等级; H—回波幅度;
2—验收等级2级; l—显示长度;
3—记录等级; n—板厚t的倍数;
4—评定等级; t—板厚。

图 3-32 适用于板厚 15~100mm 的横孔技术的灵敏度等级（验收等级 2 级）

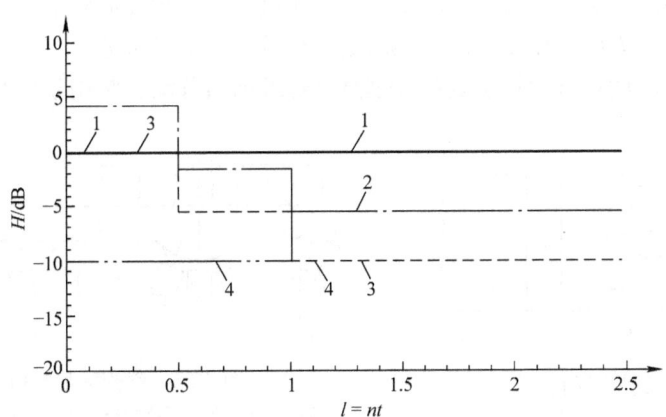

说明:
1—参考等级; H—回波幅度;
2—验收等级3级; l—显示长度;
3—记录等级; n—板厚t的倍数;
4—评定等级; t—板厚。

图 3-33 适用于板厚 15~100mm 的横孔技术的灵敏度等级（验收等级 3 级）

表 3-15 采用 ϕ3mm 横孔技术的验收等级 2 和验收等级 3 的规定

技术（按 GB/T 11345）	评定等级		验收等级 2（AL2）		验收等级 3（AL3）	
	验收等级 2	验收等级 3	8mm≤t<15mm	15mm≤t<100mm	8mm≤t<15mm	15mm≤t<100mm
横孔技术	H_0 − 14dB	H_0 − 10dB	1mm≤t 时: H_0 − 4dB 1mm>t 时: H_0 − 10dB	1mm≤0.5t 时: H_0 0.5t<1mm≤t 时: H_0 − 6dB 1mm>t 时: H_0 − 10dB	1mm≤t 时: H_0 1mm>t 时: H_0 − 6dB	1mm≤0.5t 时: H_0 + 4dB 0.5t<1mm≤t 时: H_0 − 2dB 1mm>t 时: H_0 − 6dB

直射法检测时，移动区宽度
$$L > 0.75P$$
一次反射法时，移动区宽度
$$L > 1.25P。$$
式中　P——跨距（mm）。

3. 单探头的扫查方法

单探头扫查是使用一个探头进行检测扫查，发射和接收超声波都使用该探头。为了发现缺陷和对缺陷进行准确定位，必须正确放置和移动探头。

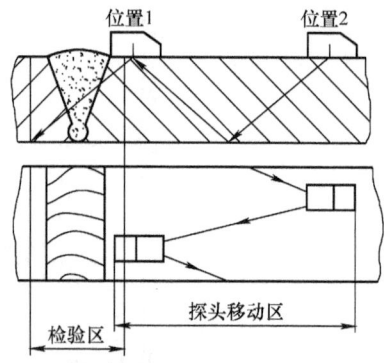

图 3-34　检验区和探头移动区

（1）锯齿形扫查　如图 3-35 所示，探头以锯齿形轨迹往复移动，同时探头还在垂直于焊缝中心线位置上做 ±（10°～15°）的左右转动，以便使声束尽可能垂直于缺陷。该扫查方法常用于焊缝粗检测。

（2）基本扫查　基本扫查方式有四种，如图 3-36 所示。其中，转角扫查的特点是探头做定点转动，用于确定缺陷方向并区分点、条状缺陷，同时，转角扫查的动态波形有助于对裂纹的判断；环绕扫查的特点是以缺陷为中心，变换探头位置，主要是用于估判缺陷形状，尤其对点状缺陷的判断；左右扫查的特点是探头做平行于焊缝或缺陷方向的左右移动，主要是通过缺陷沿长度方向的变化情况来判断缺陷形状，尤其是区分点、条状缺陷，并用此法来确定缺陷长度；前后扫查的特点是探头垂直于焊缝前后移动，常用于估判缺陷形状及估计缺陷高度。

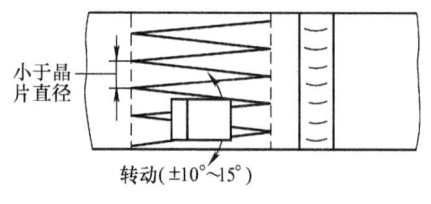

图 3-35　锯齿形扫查

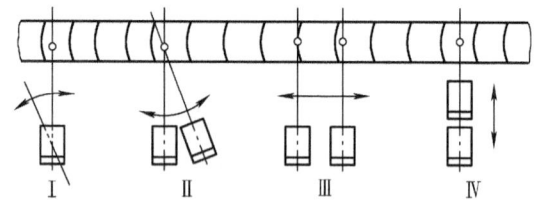

图 3-36　斜探头基本扫查方式
Ⅰ—转角扫查　Ⅱ—环绕扫查　Ⅲ—左右扫查　Ⅳ—前后扫查

（3）平行扫查　其特点是探头在焊缝边缘或焊缝上（C 级检验，余高已磨平）做平行于焊缝的移动扫查，如图 3-37 所示。此法可探测焊缝和热影响区的横向缺陷，如横向裂纹等。

（4）斜平行扫查　如图 3-38 所示，其特点是探头与焊缝成一定角度（一般 $\alpha = 10°～45°$）做平行扫查。该法容易发现焊缝及热影响区的横向裂纹和与焊缝轴线方向成一定角度的缺陷。为保证夹角 α 及与焊缝相对位置 y 的稳定不变，检测时需要使用辅助扫查工具。

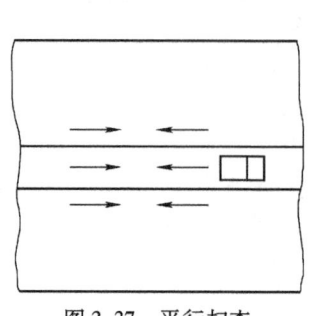

图 3-37　平行扫查

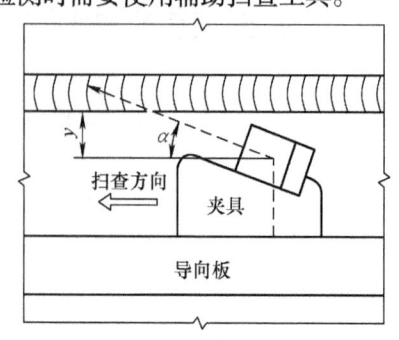

图 3-38　斜平行扫查

4. 双探头的扫查方法

双探头扫查是使用两个探头进行检测扫查,一个用于发射超声波,另一个用于接收超声波。双探头的扫查方式有下列几种。

(1) 穿列扫查　如图 3-39 所示,其特点是将两个斜探头垂直于焊缝做前后布置进行横方形或纵方形扫查。穿列扫查主要用于探测与检测面垂直的平面状缺陷,如窄间隙焊中的边界未熔合,常用于板厚大于 100mm 的焊缝检测及板厚大于 40mm 的窄间隙焊的焊缝检测。

(2) 交叉扫查　如图 3-40 所示,将两个探头置于焊缝一侧或两侧且成 60°～90°布置,扫查时探头平行于焊缝移动。该法易于探测到焊缝中的横向或纵向面状缺陷。

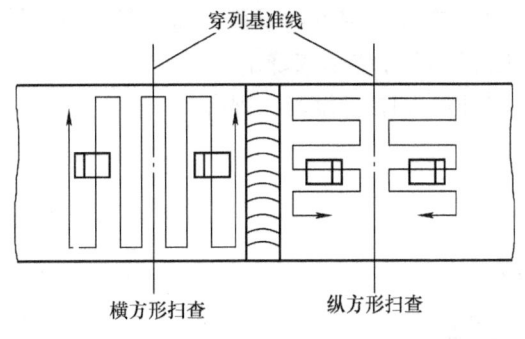

图 3-39　穿列扫查

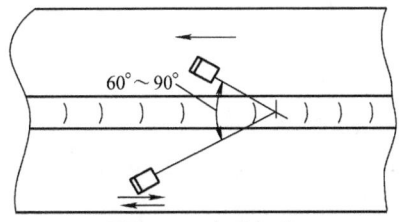

图 3-40　交叉扫查

(3) V 形扫查　如图 3-41 所示,将两个探头分别置于焊缝两侧且垂直于焊缝做对向布置。该法易于探测到与检测表面平行的面状缺陷,如多层焊中的层间未熔合。

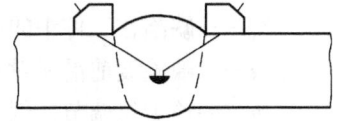

图 3-41　V 形扫查

三、缺陷定位与缺陷性质估判

1. 缺陷位置的测定

测定缺陷在工件或焊接接头中的位置称为缺陷定位。缺陷定位实际上是确定缺陷与探头的相对位置。定位时是以探头入射点或前沿长度为基准,根据反射波在示波屏上的位置及扫描速度来确定缺陷距离基准点的水平距离 L_f 和距离检测表面的垂直距离 Z_f(深度),如图 3-42 所示。

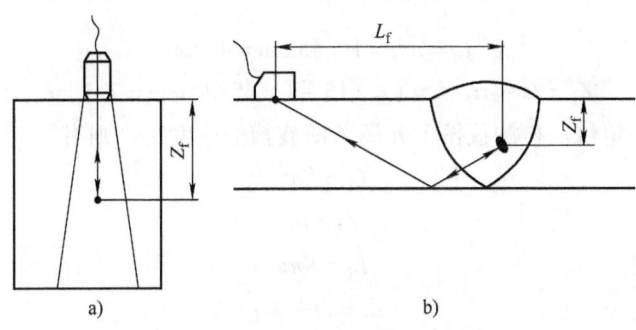

图 3-42　缺陷定位示意图

a) 垂直法缺陷定位　b) 斜射法缺陷定位

(1) 垂直法缺陷定位　用垂直入射法检测时,缺陷就在直探头的下面,缺陷定位只需确定缺陷在工件中的深度即可。

当探伤仪按 $1:n$ 调节纵波扫描速度时,则有

$$Z_f = n\tau_f$$

式中　Z_f——缺陷在工件中的深度(mm);
　　　n——探伤仪调节比例系数;
　　　τ_f——示波屏上缺陷波前沿所对水平刻度值。

例1　探伤仪按 $1:2$ 调节纵波扫描速度,探伤中示波屏上水平刻度"75"处出现一缺陷波,求此缺陷在工件中的深度 Z_f。

解　$Z_f = n\tau_f = 2 \times 75\text{mm} = 150\text{mm}$

(2) 斜射法缺陷定位　用斜探头检测时,缺陷在探头前方的下面,其位置可用入射点至缺陷的水平距离 L_f、缺陷到检测表面的垂直距离 Z_f 两个参数来确定。

1) 水平调节法定位。检测仪按水平 $1:n$ 调节横波扫描速度时,则有

直射法探伤　　　　　　　　$L_f = n\tau_f$ 　　　　　　　　(3-6)

$$Z_f = \frac{n\tau_f}{K}$$

一次反射法探伤　　　　　　$l_f = n\tau_f$ 　　　　　　　　(3-7)

$$Z_f = 2t - \frac{n\tau_f}{K}$$

式中　L_f——缺陷在工件中的水平距离(mm);
　　　Z_f——缺陷在工件中的深度(mm);
　　　τ_f——缺陷波前沿所对水平刻度值;
　　　n——检测仪调节比例系数;
　　　t——检测厚度(mm);
　　　K——探头 K 值($K = \tan\gamma$)。

例2　用 $K2$ 横波斜探头检测厚度 15mm 的钢板焊缝,仪器按水平 $1:1$ 调节横波扫描速度,检测中在水平刻度 $\tau_f = 45$mm 处出现一缺陷波,求此缺陷位置。

解　由于 $Kt = 2 \times 15\text{mm} = 30\text{mm}$,$2Kt = 60\text{mm}$,$Kt < \tau_f < 2Kt$,可以判定此缺陷是二次波发现的,因此

$$L_f = n\tau_f = 1 \times 45\text{mm} = 45\text{mm}$$
$$Z_f = 2t - n\tau_f/K = (2 \times 15 - 1 \times 45/2)\text{mm} = 7.5\text{mm}$$

2) 深度调节法定位。检测仪按 $1:n$ 调节横波扫描速度时,则有

直射法检测　　　　　　　　$L_f = Kn\tau_f$ 　　　　　　　(3-8)
　　　　　　　　　　　　　　$Z_f = n\tau_f$

一次反射法检测　　　　　　$L_f = Kn\tau_f$ 　　　　　　　(3-9)
　　　　　　　　　　　　　　$Z_f = 2t - n\tau_f$

例3　用 $K1.5$ 横波斜探头检测厚度 20mm 的钢板焊缝,仪器按深度 $1:1$ 调节横波扫描速度,检测中在水平刻度 $\tau_f = 40$mm 处出现一缺陷波,求此缺陷位置。

解　由于 $t < \tau_f < 2t$,可以判定缺陷是二次波发现的,因此

$$L_f = Kn\tau_f = 1.5 \times 1 \times 40\text{mm} = 60\text{mm}$$
$$Z_f = 2t - n\tau_f = (2 \times 30 - 1 \times 40)\text{mm} = 20\text{mm}$$

2. 缺陷大小的测定

测定工件或焊接接头中缺陷的大小和数量称为缺陷定量。工件中的缺陷是多种多样的，但当焊缝存在多个缺陷时，最主要是测定缺陷的长度。GB/T 11345—2013 中规定采用固定回波幅度等级技术测量缺陷的水平长度。该技术用于测量回波幅度等于或大于评定等级显示的水平长度。

测量时，将探头左右移动，使波幅降低至评定等级，以此测定显示长度，如图 3-43 所示。水平长度 l，即为位置 1 和位置 2 的距离。

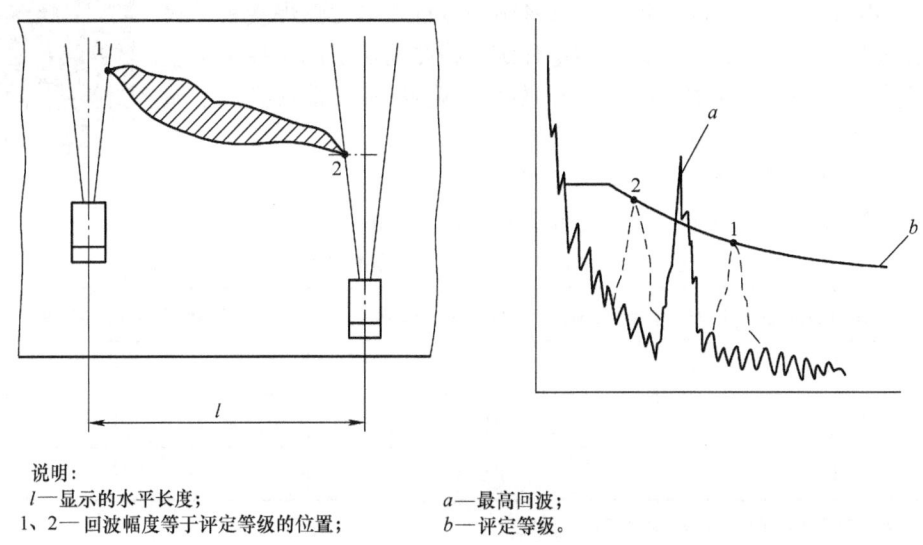

说明：
l—显示的水平长度；
1、2—回波幅度等于评定等级的位置；
a—最高回波；
b—评定等级。

图 3-43 应用探头声束轴线的固定回波幅度技术

3. 缺陷性质的估判

判定工件或焊接接头中缺陷的性质称为缺陷定性。到目前为止，在超声波检测中对缺陷定性仍是个难点，因为不同性质的缺陷其反射回波波形区别不大。对缺陷定性在很大程度上要靠检验人员的实际经验和操作技能，并根据缺陷波的大小、位置及探头移动时波幅的变化特点，结合焊接工艺情况进行综合判断，结果往往存在较大误差。因此，这里仅简单介绍焊缝中常见缺陷的波形特征。

（1）气孔 单个气孔回波高度低，波形为单峰，较稳定，当探头绕缺陷转动时，缺陷波高大致不变，但探头定点转动时，反射波立即消失；密集气孔会出现一簇反射波，其波高随气孔大小而不同，当探头做定点转动时，会出现此起彼伏现象。

（2）裂纹 缺陷回波高度大，波幅宽，常出现多峰；探头平移时，反射波连续出现，波幅有变动；探头转动时，波峰有上下错动现象。

（3）夹渣 点状夹渣的回波信号类似于单个气孔。条状夹渣回波信号多呈锯齿状，由于其反射率低（原因是固体夹渣可以传播超声波），波幅不高且形状多呈树枝状，主峰边上有小峰；探头平移时，波幅有变动；探头绕缺陷移动时，波幅也会发生变化。

（4）未焊透 由于未焊透对超声波的反射率高（厚板焊缝中该缺陷表面类似镜面反

射），因此波幅均较高；探头平移时，波形较稳定；在焊缝两侧检测时，均能得到大致相同的反射波幅。

（5）未熔合 当声波垂直入射该缺陷表面时，回波高度大；探头平移时，波形稳定；焊缝两侧检测时，反射波幅不同，有时只能从一侧探测到。

另外，在焊缝检测中，示波屏上常会出现一些非缺陷引起的反射信号，这些信号称为假信号。产生假信号的原因是多方面的，对假信号的识别主要靠检测人员的实际经验和操作技能，故这里不予介绍。

实验二 指导书

实验二 实验报告

四、焊缝质量等级评定

按照 GB/T 11345—2013 和 GB/T 19418—2003《钢的弧焊接头 缺陷质量分级指南》的规定进行焊缝质量评定。检测前需要测定探头与检测仪的组合性能和进行距离-波幅曲线的标定。距离-波幅曲线表示了超声检测的灵敏度，是判断缺陷和焊缝质量的依据。

1. 验收等级、检测等级和质量等级的关系

超声检测技术中验收等级、检测等级和质量等级的关系见表 3-16。

表 3-16 超声检测技术中验收等级、检测等级和质量等级的关系

按 GB/T 19418 的焊缝质量等级	按 GB/T 11345 的检测等级①	按 GB/T 29712 的验收等级
B	至少 B	2
C	至少 A	3
D	至少 A	3②

① 当需要评定显示特征时，应按 GB/T 29711 评定。
② 不推荐做超声检测，但可在规范中规定后使用（与 C 级焊缝质量要求一致）。

2. 焊缝质量评级方法

按照 GB/T 29712—2013《焊缝无损检测 超声检测 验收等级》的规定，基于直径为 $\phi 3mm$ 的横孔技术的验收等级，如图 3-30 所示，适用于 8~15mm 板厚焊缝的验收等级 2 级的评级方法，图中各线的含义为：

1——参考等级：该线是 $\phi 3mm$ 横孔作为基体反射体制作的距离-波幅曲线，以 H_0 表示。

2——验收等级：验收等级有两个，分别是 2 级和 3 级，它与焊缝母材厚度、缺欠显示长度与板厚的倍数有关。

3——记录等级：其数值是对应的验收等级 -4dB，当单位焊缝长度内存在多个间断缺欠时，须记录缺欠的累计长度。

4——评定等级：超过该线的缺欠需测量其显示长度。

以验收等级 2 级为例的焊缝等级评定方法如下：

（1）当板厚为 8~15mm 时，验收等级线如图 3-30 所示

1）缺欠反射波高超过验收等级线（当 $n \leq 1$ 时，验收等级为 $H_0 - 4dB$，当 $n > 1$ 时，验收等级为 $H_0 - 10dB$）时，不可验收。

2)缺欠反射波高在验收等级与评定等级（H_0-14dB）之间时，在任意 $6t$ 的焊缝长度内，所有超过记录等级的可单独验收显示的最大累计长度≤$1.2t$，可以验收。

3)缺欠反射波高低于评定等级（H_0-14dB）时，除平面缺欠以外可以验收。

(2)当板厚为 15~100mm 时，验收等级如图 3-32 所示

1)缺欠反射波高超过验收等级线（当 $n≤0.5$ 时，验收等级为 H_0；当 $0.5<n≤1$ 时，验收等级为 H_0-6dB，当 $n>1$ 时，验收等级为 H_0-10dB）时，不可验收。

2)缺欠反射波高在验收等级与评定等级（H_0-14dB）之间时，任意单位长度为 100mm 的焊缝长度内，所有超过记录等级的可单独验收显示的最大累计长度≤20mm，可以验收。

3)缺欠反射波高低于评定等级（H_0-14dB）时，除平面缺欠以外可以验收。

五、记录与报告

焊缝超声波检测后，应将检测数据、工件及工艺概况归纳在探伤的原始记录中，并签发检测报告。检测报告是焊缝超声波检测的存档文件，经质量管理人员审核后，正本发送委托部门，其副本由探伤部门归档，一般应保存 7 年以上。

探伤记录和检测报告的格式可参考表 3-17 和表 3-18。

表 3-17 焊缝超声波检测记录

工件名称：			工件编号：			检验次序：○首次检验○一次复验○二次复验				
探测条件										
序号	探 头			反 射 体			基准波高满幅（％）	反射体波幅/dB	传输修正/dB	探伤灵敏度/dB	探测深度/mm
	角度 γ（或 K 值）	频率/MHz	尺寸	形状	深度/mm	试块					
1											
2											
3											
4											
焊缝编号	检验区段号	探头序号	缺陷编号	缺陷位置/mm	深度/mm	指示长度/mm	波幅/dB	评定	检验人	备 注	
				→							
				→							
				→							

表 3-18 焊缝超声波检测报告

报告编号

报告日期　　年　月　日

产品名称：		令号：	
工件名称：	工件编号：	材料：	厚度：
焊缝种类：○平板　○环缝　○纵缝　○T形　○管座			焊接方法：
焊缝数量：	探伤面：	检验范围：　　　　%	
探伤面状态：○修整　○轧制　○机加工　○			
检验规程：	验收标准：	工艺卡编号：	
探伤时机：○焊后　○热处理后　○水压试验后　○			
仪器型号：	耦合剂：○机油　○甘油　○浆糊		
探伤方式：○垂直　○斜角　○单探头　○双探头　○串列探头			
扫描调节：○深度　○水平	比例：		试块：
探伤部位示意图：	探伤位置：		

探伤结果及返修情况	焊缝编号	检验长度	显示情况	一次返修缺陷编号	二次返修缺陷编号	说明： NI：无应记录的缺陷 RI：有应记录的缺陷 UI：有应返修的缺陷
			○NI　○RI　○UI			
			○NI　○RI　○UI			
			○NI　○RI　○UI			
			○NI　○RI　○UI			
			○NI　○RI　○UI			
	检验焊缝总长：　　　　mm，一次返修总长：　　　　mm， 二次返修总长：　　　　mm，同一部位经　　　　次返修后合格 附：检验及复验记录＿＿＿＿页					

备注：

结论：○合格　　　○不合格

检验：UT ＿＿＿＿级　　　审核：UT ＿＿＿＿级

六、焊缝超声波检测的一般程序

焊缝超声波检测可分为检测准备和现场检测两部分，其一般程序如图 3-44 所示。这里仅对前面没有提到的某些问题做一简要解释。

（1）委托检验　委托检验单内容应有工件编号、材料、尺寸、规格、焊接方法种类、坡口形式等，同时也应注明检测部位、检测百分比、验收标准、级别或质量等级，并附有工件简图。

（2）指定检验人员　超声波检测一般安排两人同时工作，并因超声检测通常要当即给出检验结果，故至少应有一名Ⅱ级人员担任主探。

（3）了解焊接情况　此是检测前的一项重要准备工作。检测人员了解工件和焊接工艺，以便根据材质和工艺特征，预计可能出现的缺陷及分布规律。同时，向焊工了解在焊接过程

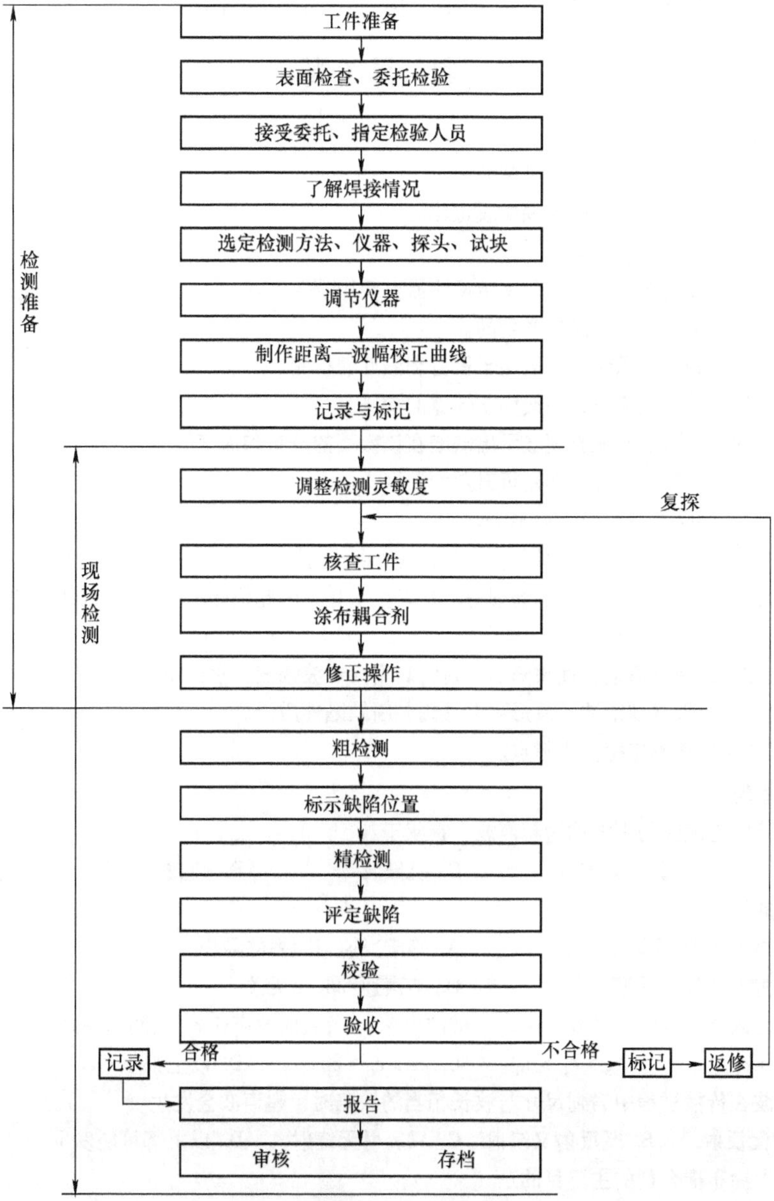

```
                    ┌─────────────────┐
                    │    工件准备      │
                    └────────┬────────┘
                             ↓
                    ┌─────────────────┐
                    │ 表面检查、委托检验 │
                    └────────┬────────┘
                             ↓
                    ┌─────────────────┐
                    │ 接受委托、指定检验人员│
                    └────────┬────────┘
                             ↓
         检          ┌─────────────────┐
         测          │   了解焊接情况   │
         准          └────────┬────────┘
         备                   ↓
                    ┌─────────────────────────┐
                    │选定检测方法、仪器、探头、试块│
                    └────────┬────────────────┘
                             ↓
                    ┌─────────────────┐
                    │    调节仪器     │
                    └────────┬────────┘
                             ↓
                    ┌─────────────────────┐
                    │  制作距离—波幅校正曲线 │
                    └────────┬────────────┘
                             ↓
                    ┌─────────────────┐
                    │   记录与标记     │
                    └────────┬────────┘
                             ↓
                    ┌─────────────────┐
         现          │  调整检测灵敏度  │          复探
         场          └────────┬────────┘       ←──────┐
         检                   ↓                        │
         测          ┌─────────────────┐              │
                    │    核查工件     │              │
                    └────────┬────────┘              │
                             ↓                        │
                    ┌─────────────────┐              │
                    │   涂布耦合剂     │              │
                    └────────┬────────┘              │
                             ↓                        │
                    ┌─────────────────┐              │
                    │    修正操作     │              │
                    └────────┬────────┘              │
                             ↓                        │
                    ┌─────────────────┐              │
                    │     粗检测      │              │
                    └────────┬────────┘              │
                             ↓                        │
                    ┌─────────────────┐              │
                    │   标示缺陷位置   │              │
                    └────────┬────────┘              │
                             ↓                        │
                    ┌─────────────────┐              │
                    │     精检测      │              │
                    └────────┬────────┘              │
                             ↓                        │
                    ┌─────────────────┐              │
                    │    评定缺陷     │              │
                    └────────┬────────┘              │
                             ↓                        │
                    ┌─────────────────┐              │
                    │      校验       │              │
                    └────────┬────────┘              │
                             ↓                        │
                    ┌─────────────────┐              │
                    │      验收       │              │
                    └─┬──────────────┬┘              │
              合格    │              │  不合格  ┌────┐│
          ┌────┐ ←───┘              └───────→ │标记├┤
          │记录│                              └──┬─┘│
          └──┬─┘                                 ↓  │
             ↓                              ┌────┐  │
          ┌─────────────────┐              │返修├──┘
          │      报告       │              └────┘
          └────────┬────────┘
                   ↓
          ┌─────────────────┐
          │  审核    存档    │
          └─────────────────┘
```

图 3-44　焊缝超声波检测的一般程序

中偶然出现的一些问题及修补等详细情况，可有助于对可疑信号的分析和判断。

（4）粗检测　主要目的是发现缺陷。主要内容是探测各种方向的缺陷，并做好标记，以及鉴别结构的假信号等。

（5）精检测　针对粗检测中出现的缺陷，进一步确切测定缺陷的大小及位置。

（6）评定缺陷　系指对缺陷反射波幅的评定、指示长度的评定、密集程度的评定及缺陷性质的估判。根据评定结果给出受检焊缝的质量等级。但是，焊缝超声波检测有其特殊性。有些评定项目并不规定等级概

实验二　评价表

念，而往往与验收标准联系在一起，直接给出合格与否的结论。

复习思考题

一、判断题

1. 超声波的本质与声波一样属于机械波。（   ）
2. 超声波在介质中的传播速度与频率成正比。（   ）
3. 在同一种介质中纵波速度最快。（   ）
4. 由于空气不能传播超声波，因此超声检测需要使用耦合剂。（   ）
5. 超声波是由探头中的压电晶片产生的。（   ）
6. 直探头可发射和接收纵波，一般用于板材和锻件的检测。（   ）
7. 斜探头可发射和接收横波，一般用于焊缝的检测。（   ）
8. A 型显示超声检测仪不能直观显示出缺陷在该截面的分布和深度。（   ）
9. 焊缝检测中，大厚度工件宜选用折射角大的探头。（   ）
10. 超声波探头的频率一般为 2～5MHz。（   ）
11. 超声波频率高，检测灵敏度及分辨率高，且声束指向性好，因此频率越高越好。（   ）
12. 斜探头折射角会因为使用中的磨损等因素发生变化，因此检测前应对探头折射角进行重新校验。（   ）
13. 焊缝检测中，裂纹等危害性缺陷的反射波高度大、波幅宽，常出现多峰。（   ）
14. 焊缝检测中，根据缺陷波的波形可以准确判断缺陷性质。（   ）
15. 标准试块可用于测定探头入射点。（   ）

二、选择题

1. 超过人耳听觉范围的声波称为超声波，它属于（   ）。
   A. 电磁波　　　B. 光波　　　C. 机械波　　　D. 微波
2. 超声波的波长（   ）。
   A. 与介质的声速和频率成正比　　　B. 等于声速与频率的乘积
   C. 等于声速与周期的乘积　　　D. 与声速和频率无关
3. 在同一种固体材料中，纵波声速 c_L、横波声速 c_S 及表面波声速 c_R 之间的关系是（   ）。
   A. $c_R > c_S > c_L$　　　B. $c_S > c_L > c_R$　　　C. $c_L > c_S > c_R$　　　D. 以上都不对
4. 当超声波在传播过程中遇到尺寸与波长相当的缺陷时，超声波会发生（   ）。
   A. 只绕射无反射　　　B. 既反射又绕射　　　C. 只反射无绕射　　　D. 以上都可能发生
5. 检测面上涂布耦合剂的主要目的是（   ）。
   A. 防止探头磨损　　　B. 消除探头与检测面之间的空气
   C. 有利于探头滑动　　　D. 防止工件生锈
6. 超声检测中，当检测面比较粗糙时，宜选用（   ）。
   A. 较低频探头　　　B. 较黏的耦合剂　　　C. 软保护膜探头　　　D. 以上都对
7. 为检测出焊缝中与表面成不同角度的缺陷，应采取的方法是（   ）。
   A. 提高检测频率　　　B. 用多种角度探头检测
   C. 修磨检测面　　　D. 以上都可以
8. 板厚 100mm 以上窄间隙焊缝的超声检测中，为检测边缘未熔合缺陷，最有效的扫查方法是（   ）。
   A. 斜平行扫查　　　B. 串列扫查
   C. 双晶斜探头前后扫查　　　D. 交叉扫查
9. 被检工件中缺陷的方向与超声波的入射方向（   ）时，可获得最大超声波反射。

A. 垂直　　　　　　B. 平行　　　　　　C. 倾斜 45°　　　　D. 都可以

10. 厚板焊缝斜角检测时，常用漏掉（　　）。

A. 与表面垂直的裂纹　　　　　　B. 方向无规律的夹渣

C. 根部未焊透　　　　　　　　　D. 表面平行的未熔合

11. 超声波探头型号 2.5B20Z 中的"Z"表示（　　）。

A. 直探头　　　　　B. 斜探头　　　　　C. 双晶探头　　　　D. 水浸聚焦探头

12. 从 A 型显示超声检测仪显示屏上可获得的信息是（　　）。

A. 缺陷取向　　　　　　　　　　B. 缺陷指示长度

C. 缺陷波幅和传播时间　　　　　D. 以上都不是

13. 超声波垂直入射材料表面时不会发生（　　）。

A. 透射　　　　　　B. 反射　　　　　　C. 绕射　　　　　　D. 波形转换

三、简答题

1. 超声波是如何产生的？

2. 超声波的波形有哪几种？焊缝检测应如何选择波形？为什么？

3. 使用斜探头检测焊缝应如何对缺陷进行定位？

4. 超声波检测如何评定焊缝的质量等级？

5. 用 $K3$ 横波斜探头检测 20mm 厚的钢板焊缝，仪器按水平 1∶1 调节横波扫描速度，探伤中在水平刻度 $\tau_f = 36$mm 处发现一缺陷波，求此缺陷位置。

第三章　习题答案

第四章 磁粉检测

磁粉检测是利用在强磁场中,铁磁性材料表面或近表面缺陷产生的漏磁场吸附磁粉的现象而进行的无损检验法。磁粉检测具有成本低、操作灵活、结果可靠等特点,主要用来检测铁磁性材料,如碳钢、普通低合金钢等工件的表面或近表面缺陷。在焊接生产过程中,磁粉检测主要应用于坡口表面、焊缝表面、补焊部位等的检验。本章主要介绍磁粉检测的原理、方法、验收标准及磁粉的种类与性能。

磁粉检测可用于板材、型材、管材及锻造毛坯等原材料和半成品的检验,也可用于锻钢件、焊件和铸钢件加工制造过程的工序间检验和终加工检验,还可用于飞机、火车、拖拉机等运输工具维修和大修以及重要设备和机械、压力容器、石油储罐的定期检验等。磁粉检测的应用范围见表4-1。

表4-1 磁粉检测的应用范围

应用范围	检验对象	可发现缺陷
成品检验	精加工后任何形状和尺寸的工件 热处理和吹砂后,不再进行机械加工的工件 装备组合件的局部检验	淬裂、磨裂、锻裂、发纹、非金属夹杂物和白点
半成品检验	吹砂后的锻钢件、铸钢件、棒材和管材	表面或近表面的裂纹、压折叠与锻折叠、冷隔、疏松和非金属夹杂物
工序间检验	半成品在每道机械加工和热处理工序后的检验	淬裂、磨裂、折叠和非金属夹杂物
焊件检验	焊接组合件、型材焊缝、压力容器等大型结构件焊缝	焊缝及热影响区裂纹
返修检验	使用过的零部件	疲劳裂纹及其他材料缺陷

第一节 磁粉检测原理与影响漏磁场的因素

一、磁粉检测原理

众所周知,把一块磁铁放在铁屑之中,吸引铁屑最多的是磁铁两端,该两端称为N极和S极。N极和S极总是成对出现的,在两磁极之间有闭合的磁力线存在。将铁磁性材料制成的工件放在磁极之间,工件中就会有磁力线通过。若工件内部没有缺陷且各处的磁导率一致,则磁力线在工件中分布是均匀的,如图4-1a所示。当工件中有气孔、夹渣、裂纹等缺陷存在时,构成缺陷的是非磁性物质,磁导率很低,磁阻很大,必将引起磁力线在工件中的分布发生变化,在缺陷处的磁力线发生弯曲,如图4-1b所示。如果弯曲的磁力线进入空气当中,就会在工件表面形成漏磁场,漏

磁粉检测的优缺点

磁场的两端形成一个新的 N 极和 S 极。在漏磁场处撒上导磁效果好的磁粉，漏磁场吸引磁粉，使磁粉堆集在一起，形成一个反映缺陷的磁粉聚集图像，此称为磁痕。可以根据磁痕特征来判断缺陷的性质、大小和位置。由于磁痕把缺陷放大了几倍或几十倍，如图 4-2 所示，因此可直接用肉眼来观察。

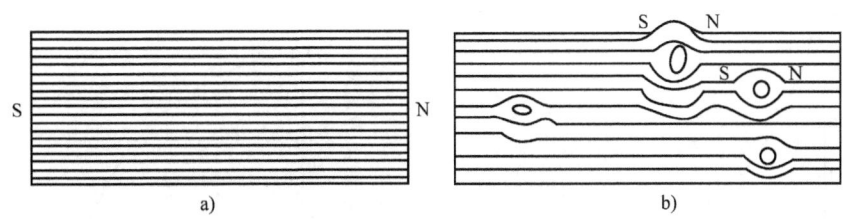

图 4-1　磁粉检测示意图
a）无缺陷的工件　b）有缺陷的工件

二、影响漏磁场的因素

在磁粉检测中，如何来提高检测的灵敏度呢？归根到底就是要提高工件表面漏磁场的磁场强度，只有这样，漏磁场才能吸引较多的磁粉，便于磁痕观察。影响漏磁场强度的因素主要有外加磁场强度、材料的磁导率、缺陷自身特点和工件的表面状态。

1. 外加磁场强度

对铁磁性材料磁化时所施加的外加磁场强度越大，工件中感应出的磁场强度也越大，磁力线分布越密集，受缺陷阻碍的磁力线弯曲的程度和数量越多，形成的漏磁场强度随之增加。

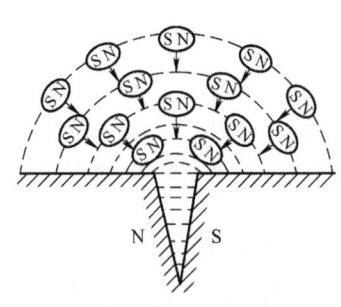

图 4-2　缺陷处的磁粉堆集

2. 材料的磁导率

不同材料的磁导率是不一样的，在同样的外加磁场作用下，磁导率高的材料导磁性能好，容易磁化。非铁磁性物质，如铜、铝、奥氏体不锈钢、非金属材料等，磁导率大大低于铁磁性物质，很难磁化，更不会有漏磁场的产生，因此不适合用磁粉检测方法来检测这些材料。

3. 缺陷自身特点

（1）缺陷位置　磁粉检测的关键是必须有磁力线进入空气形成漏磁场。工件在相同的磁化条件下，越靠近表面的缺陷，磁力线弯曲程度越大，暴露在空气中的磁力线越多，形成的漏磁场越强，表面磁痕越明显；随着缺陷埋藏深度的增加，漏磁场范围及强度将逐渐减少。缺陷到达一定深度时，漏磁场就不存在了，磁痕也不再显示。因此，磁粉检测只能检测表面或近表面的缺陷，如图 4-3 所示。

（2）缺陷方向　当缺陷长度方向与工件内部磁力线方向垂直时，磁力线弯曲程度最大，漏磁场强度最大；随缺陷长度方向与磁力线夹角的减小，漏磁场强度减小；当缺陷方向与工件内部磁力线方向平行时，漏磁场强度最小，甚至不形成漏磁场，如图 4-4 所示。

（3）缺陷性质　当缺陷处的磁导率减小时，磁力线才弯曲形成漏磁场，缺陷的磁导率越高，产生的漏磁场强度越低。气孔、裂纹的磁导率与铁磁性材料的磁导率差别大，形成的漏磁场强度较大；夹杂物缺陷产生的漏磁场强度与其成分有关，非金属夹杂物比金属夹杂物漏磁场强度大。

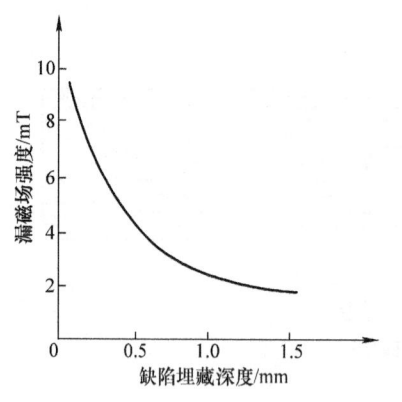

图 4-3　缺陷埋藏深度对漏磁场强度的影响

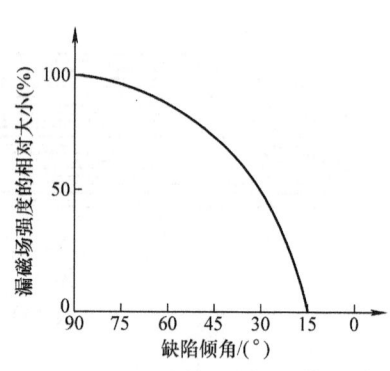

图 4-4　缺陷倾角对漏磁场强度的影响

（4）缺陷大小和形状　缺陷尺寸越大，即缺陷自身深度和缺陷宽度越大时，阻碍的磁力线越多，产生的漏磁场强度越大，如图 4-5 和图 4-6（d 为缺陷自身深度）所示。

在同样条件下，圆形缺陷的磁力线变化比条状缺陷的磁力线变化平缓，漏磁场强度较小。

4. 工件表面状态

工件表面存在覆盖层，如涂料、防锈漆等，将减小漏磁场强度。

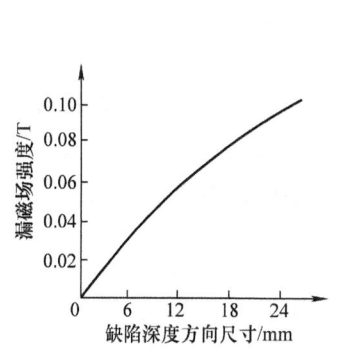

图 4-5　缺陷自身深度尺寸与漏磁场强度的关系

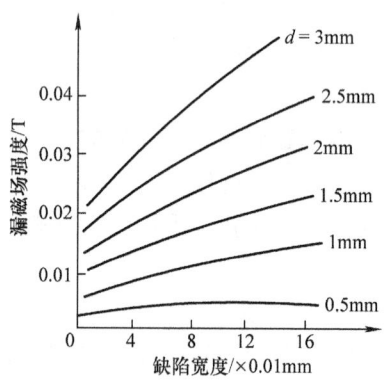

图 4-6　缺陷宽度与漏磁场强度的关系

第二节　工件磁化方法

在外加磁场作用下，使被检工件内部产生磁场的过程称为工件的磁化。由于工件磁化的方式不同，因此有不同的磁化方法。

一、磁化方法的分类

1. 按磁化电流分类

按磁化电流种类的不同，磁化方法可分为直流电磁化法和交流电磁化法。

(1) 直流电磁化法　直流电磁化法一般采用低电压大电流的直流电源，工件中产生的磁场方向恒定，磁力线能穿透工件表面一定深度，故能发现近表面区较深的缺陷，检测效果好。其缺点是退磁困难。

(2) 交流电磁化法　交流电磁化法一般采用低电压大电流的交流电源。该方法供电方便，调整磁化电流容易，发现表面缺陷的灵敏度比直流电磁化法要高，且退磁容易，因此应用较普遍。

2. 按通电方式分类

按通电方式的不同，磁化方法可分为直接通电磁化法和间接通电磁化法。

(1) 直接通电磁化法　将工件直接通以电流，电流通过工件时在工件内部和工件周围产生磁场使工件磁化。直接通电磁化法设备简单，操作方便。但要求工件与电极间接触良好，同时通电时间不宜过长，否则会因电阻热过大，使工件局部过热，导致工件材料的内部组织发生变化，影响材料性能或在过热的部位把工件表面烧伤。

(2) 间接通电磁化法　指利用通电线圈或电磁铁的磁场使工件磁化的方法。由于工件中没有电流流过，因而可以避免直接通电磁化法的弊端。同时，可以利用增加线圈匝数和增大磁化电流来增大磁场强度，这样更有利于磁痕的显示，故应用更为广泛。

3. 按工件磁化方向分类

磁粉检测中，磁力线方向与缺陷方向垂直时，漏磁场最强，缺陷显示清楚、明显。但缺陷方向是不一定的，因此需建立不同方向的磁场。按工件中磁力线方向的不同，磁化方法可分为周向磁化法、纵向磁化法和复合磁化法。

(1) 周向磁化法　又称横向磁化法。磁化后，工件中的磁力线是在与工件轴线垂直的平面内相互平行的同心圆。主要用来检验与工件（或纵焊缝）轴线方向平行或夹角小于45°的缺陷，常用的有直接通电法、穿棒法、触头法，见表4-2。

表4-2　常用的磁化方法及其特点

磁化方法	示意图	特点
直接通电法		将工件放置在两极之间，电流从工件通过形成周向磁场，适合于中、小型工件，主要检验与轴线平行的缺陷
穿棒法		将导体穿过空心零件，电流通过导体形成周向磁场，适合管状、环状工件，检验轴向缺陷
线圈法		工件上绕线圈并给线圈通电，形成纵向磁场，适合检验棒材、管材和轴类零件，主要检验与轴线垂直的缺陷

（续）

磁化方法	示意图	特 点
触头法		用支杆触头接触工件表面，电流由支杆导入工件，适合于焊缝或大型部件的局部检验
磁轭法		电磁轭或永久磁铁将工件表面两极之间的区域磁化，常用于检验对接焊缝和角焊缝

（2）纵向磁化法　磁化后，工件内部的磁力线与被检工件轴线平行。主要用来检验与工件轴线方向垂直或夹角大于45°的缺陷，常用的有线圈法和磁轭法，见表4-2。

（3）复合磁化法　同一工件中的缺陷可能是多方向的，为了不使缺陷漏检，则建立复合磁化法。它是由两个相互垂直的纵向磁场和横向磁场综合形成的磁场，可以检验各个方向的缺陷。复合磁化法如图4-7所示，利用直流磁轭法产生纵向磁场，用交流通电法产生周向磁场。纵向磁场是恒定的，周向磁场是周期性变化的，合成一个大小和方向都变化的磁场来检验不同方向的缺陷。在进行交、直流复合磁化时，必须先进行直流纵向磁化，再进行交流周向磁化。

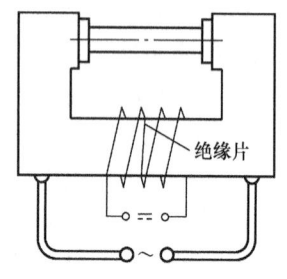

图4-7　复合磁化法

不论采取哪种磁化方式，其目的都是使工件中产生磁场，生产中可以用直接通电法、线圈法、穿棒法、触头法、磁轭法等使工件磁化。它们的特点可见表4-2。

二、磁粉检测机

1. 磁粉检测机的构成

磁粉检测机是为磁粉检测提供所需要的磁化电流或磁通量的检测设备，一般包括磁化电源、工件夹持装置、控制装置、磁粉或磁悬液喷洒装置、退磁装置和照明装置等。这些装置分别具有不同的功能，根据工件的大小和形状不同，组成检测机的部件也有所不同。

磁化电源是磁粉检测机的核心，其作用是产生磁化电流以磁化工件。磁化电流可以直接通过工件，也可以通过线圈或穿入工件内孔的中心导体对工件进行磁化。

2. 磁粉检测机的种类及特点

常用的磁粉检测机有便携式、移动式和固定式三种。

（1）便携式磁粉检测机　便携式磁粉检测机（图4-8）体积小、重量轻，携带和移动方便，适合于高空、野外等现场的磁粉检测及锅炉、压力容器焊缝的局部检测。

便携式磁粉检测机有磁轭式和磁锥式两种，其中磁轭式磁粉检测机又包括永久磁轭和电磁轭两种。

1）永久磁轭式磁粉检测机。永久磁轭式磁粉检测机是采用软磁材料（纯铁）制作的机构。在磁轭本体的中间镶嵌永久磁铁，并有磁路控制开关，不需要电源，因此更适合在远离电源的场所使用。

2) 电磁轭磁粉检测机。电磁轭磁粉检测机是在用硅钢片制作的铁心上绕制励磁线圈,当线圈中通以交流电或直流电时,则在铁心内产生纵向磁场,从而对工件进行磁化。一般的电磁轭磁粉检测机在手柄上装有控制开关。

3) 磁锥式磁粉检测机。该检测机可以在工件上实现任意方向的磁化,因此可以检测任意方向的缺陷,但磁化一次只能检测一个方向的缺陷,检测不同方向的缺陷需要进行多次磁化。这种检测机一般比较小,便于现场使用。

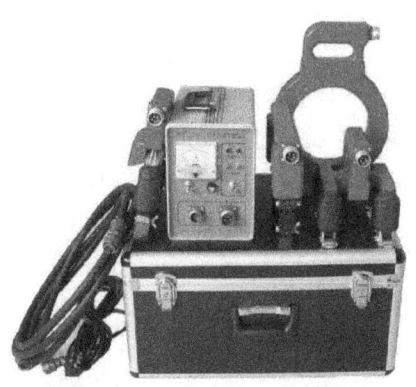

图 4-8 便携式磁粉检测机

小型便携式磁粉检测机带有支杆触头和电缆(可将电缆绕成线圈进行纵向磁化),一般可提供 500A、1000A 和 2000A 的交流或单相半波整流的磁化电流。检测机手柄上配有微型开关,还有自动衰减退磁装置,因此磁化和退磁都很方便。

(2) 移动式磁粉检测机 移动式磁粉检测机一般装有滚轮或置于小车上,移动方便,适用于小型工件或不易搬动的大型工件如天然气罐、高压容器的检测。移动式磁粉检测机的主体是磁化电源,可提供 3000~6000A 的交流或单相半波整流的磁化电流。该磁粉检测机需要配合支杆触头、夹钳触头、电磁轭和软电缆使用,同时该检测机还具有退磁功能。

(3) 固定式磁粉检测机 固定式磁粉检测机是一种大型磁粉检测设备(图4-9),一般安装在固定场合,适用于中小型工件及需要较大磁化电流且可移动的工件。该检测机一般带有照明装置、退磁装置、磁悬液搅拌和喷洒装置,可输出 2000~12000A 的磁化电流。检测时,将工件水平或竖直夹

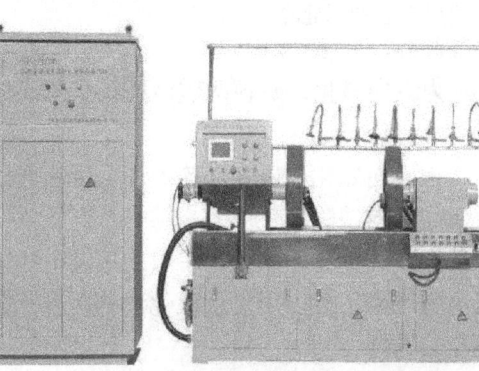

图 4-9 固定式磁粉检测机

持在磁化夹头之间,磁化电流可在零至最大值之间进行调节。

三、磁化方法的选择

选择磁化方法时,应遵循以下原则:
1) 磁化方向应尽可能与预计缺陷方向垂直。
2) 磁化方向应尽可能与检测面方向平行。
3) 对于热敏感材料,应尽量避免直接对工件通电。
4) 近表面缺陷宜采用直流电源、表面缺陷宜采用交流电源。

对于焊缝来说,一般规定在每个区域内都要进行两次磁化方向垂直的单独检验,既能检验纵向缺陷,又可以检验横向缺陷。在实际检测中,最适合的磁化方法是触头法和磁轭法。

(1) 触头法 使用触头法时应注意:

1) 触头应与焊件表面垂直。
2) 接触点应在焊缝两侧各取一点,支杆布置如图 4-10 所示。
3) 对于焊缝来说,两支杆间距离为 75~200mm。两支杆间距离越大,磁化电流越大,易使焊件局部过热;但距离过小,两触头产生的磁场会互相干扰,影响磁化效果。
4) 触头在接触或离开焊件时,应先断电。

(2) 磁轭法　使用磁轭法对焊缝缺陷的检验如图 4-11 所示。

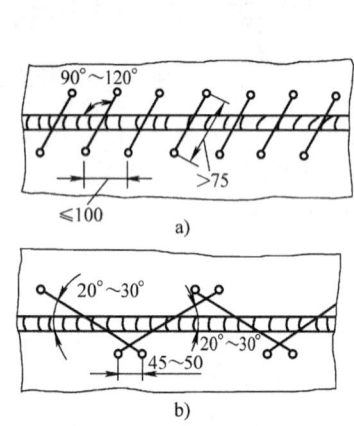

图 4-10　触头法检验焊缝的支杆布置
a) 检验横向缺陷　b) 检验纵向缺陷

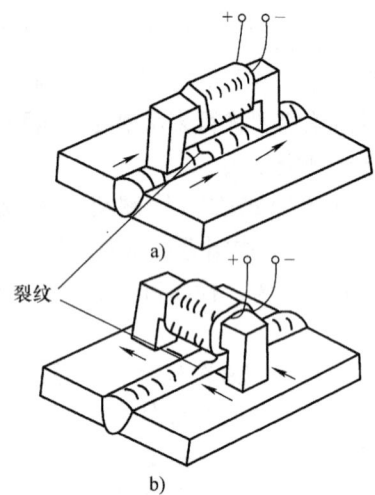

图 4-11　磁轭法检验焊缝缺陷
a) 纵向磁化　b) 横向磁化

图 4-11a 所示为纵向磁化,磁轭两磁极连线平行于焊缝并沿焊缝方向移动,用来检查焊缝的横向裂纹。

图 4-11b 所示为横向磁化,磁轭横跨焊缝,磁轭两磁极连线垂直于焊缝并沿焊缝方向移动,用来检查焊缝的纵向缺陷。

对于管道、长棒或轴类零件来说,一般采用通电法来检验纵向缺陷,用线圈法来检验横向缺陷。为了提高生产率,可以用复合磁化法一次磁化完成检验工作。

四、磁化规范的选择

磁粉检测时,要制订合理的磁化规范。磁化规范是指各种磁化方法所选择的磁化电流。改变磁化电流就等于改变漏磁场强度,只有磁化电流选择合适,才能避免因磁化不足、磁场强度不够而产生缺陷的漏检,因此磁化规范对检验的灵敏度影响很大。但磁化电流也不能无限制地增大,因为电流太大时,除了会造成不必要的浪费外,还会影响检验效果,使一些非缺陷磁痕得以显示。

1. 周向磁化规范

用直接通电法磁化圆棒、圆筒及类似工件时,磁化电流可根据下式选择:

$$I = (8 \sim 15)D$$

式中　I——磁化电流 (A);
　　　D——工件直径 (mm)。

用穿棒法检验管状工件时,也可以采用上式选择磁化电流,式中的 D 是指工件的外径。

由于穿棒与工件内孔之间一般都有间隙，为弥补间隙对磁场的影响，所选的磁化电流应略高于计算值。

2. 纵向磁场磁化规范

产生纵向磁场一般是使用线圈使工件磁化。磁场强度的大小不仅取决于磁化电流，还取决于线圈的匝数，所以工件磁化规范用线圈匝数和通电电流的乘积，即安匝数来表示。

用线圈法磁化棒、管类工件时，磁化规范可根据下式选择：

当 $L/D \geqslant 4$ 时

$$IN = \frac{35000}{\frac{L}{D}+2}$$

当 $4 > L/D > 2$ 时

$$IN = \frac{45000}{\frac{L}{D}}$$

式中 I——磁化电流（A）；
N——线圈匝数；
L——工件长度（mm）；
D——工件直径或厚度（mm）。

这里需要指出，当 $L/D < 2$ 时，必须把若干个工件串联起来磁化。

3. 触头法磁化规范

用触头法磁化焊缝时，磁化电流可根据下式选择：

$$I = KS$$

式中 I——磁化电流（A）；
K——比例系数，当工件厚度 $t \leqslant 19\mathrm{mm}$ 时，$K = 3.5 \sim 4.5$；当 $t > 19\mathrm{mm}$ 时，$K = 4 \sim 5$；
S——两支杆间距离（mm）。

第三节 磁粉及磁悬液

磁粉是磁粉检测的显示介质，按其显示方法不同，可分为干粉显示法和湿粉显示法两种。干粉显示法（简称干粉法）是把干燥的磁粉粉末直接喷洒在干燥的工件表面来显示缺陷的方法。干粉法劳动条件差，污染环境，操作不当易喷洒不均产生漏检。湿粉显示法（简称湿粉法）是先把磁粉配成一定浓度的磁悬液，然后喷洒于工件表面来显示缺陷的方法。湿粉法没有干粉法的弊端，同时磁粉具有很好的流动性，能比较全面地显示缺陷。

选择何种显示方法，应根据检测的具体条件而定。一般说来干粉法显示不受外界环境温度限制，价格便宜，适合于大型工件检测，但干粉法显示效率低；对于批量较大的小型工件，用湿粉法更加合理。

一、磁粉

1. 磁粉的种类

磁粉是用物理或化学方法制成的细小的金属颗粒，在外加磁场的作用下能形成磁痕，显示缺陷。磁粉分为非荧光磁粉和荧光磁粉两大类。非荧光磁粉是由纯铁粉和磁性氧化铁为主要原料制成的，按颜色不同又分为黑磁粉、红磁粉和白磁粉。

黑磁粉是一种棕黑色粉末，其成分主要是四氧化三铁（Fe_3O_4），主要用于检验浅色工件，在磁粉探伤中应用较为普遍。

红磁粉是一种红褐色粉末，有较高的磁导率，其主要成分是氧化铁（Fe_2O_3），常用于检验黑色工件。

白磁粉是一种银白色粉末，由黑磁粉与氧化铝（Al_2O_3）或氧化镁（MgO）合成，主要用于检测黑色工件。

荧光磁粉是以非荧光磁粉为原料加上荧光剂和黏结剂混合而成，在暗室中紫外线的照射下能产生黄绿色荧光，色彩鲜明，适合于各种工件的检验，尤其是非荧光磁粉难以胜任的工件，如表面被氧化的铸件或锻件。

2. 磁粉的性能

在探伤过程中，磁粉的性能好坏是影响检验结果的一个重要因素，故对其提出了一定的指标要求。磁粉的性能包括磁性、粒度、密度、形状、活动性、对比性等。其主要性能和指标要求如下。

（1）磁性　磁粉应是高磁导率和低剩磁物质，且不相互吸引。高的导磁率能保证磁粉对缺陷形成的漏磁场快速响应；低剩磁是便于检验之后清理磁粉；磁粉之间还不能相互吸引而聚集在一起，否则可能会被误认为是缺陷产生的磁痕堆集。

（2）粒度　磁粉的粒度应不小于0.07mm。粒度为0.07mm的磁粉，是指单个颗粒直径约为0.07mm。较小的颗粒有利于磁粉的移动，干粉法的磁粉粒度比湿粉法大一些。

（3）密度　干粉法的磁粉密度为$8g/cm^3$，湿粉法的磁粉密度为$4.5g/cm^3$。

（4）形状　足够的球状颗粒与一定的条状颗粒。磁粉性能对探伤效果影响较大，当磁粉受到磁场作用时，便出现沿磁力线排列成行的趋势。条状磁粉容易被磁化而显示缺陷，但价格较高，球状磁粉活动性比较好，能在工件表面流动。综合两者优点，应把它们按一定比例混合在一起。

（5）对比性　颜色与工件对比鲜明。根据工件的颜色，选用反差强烈的磁粉。

二、磁悬液

把磁粉和液体按一定比例混合而成的溶液称为磁悬液。液体通常是油剂或含有添加剂的水。磁悬液有三种：油悬液、水悬液和荧光磁悬液。表4-3列出了三种磁悬液的特点、应用及配方举例。

磁悬液要求黏度适中。黏度过大，磁悬液中磁粉的活动性下降，不利于磁粉的吸附，使磁痕不清晰；黏度过小，磁粉容易沉淀，也会影响检测效果。

表4-3　磁悬液的特点、应用及配方举例

类　型	特　点	应　用	配　方　举　例
水悬液	成本低、流动性好、使用安全，但悬浮性较差	检测无油污或有防火要求的工件	水　1L 亚硝酸钠　5g 磁粉　10~15g
油悬液	悬浮性好，对工件无防锈要求，但成本较高	检测有油污的工件	变压器油　500mL 煤油　500mL 磁粉　15~30g

(续)

类型	特点	应用	配方举例
荧光磁悬液	对比鲜明，易观察分辨	检验要求灵敏度高的工件	水 1L 亚硝酸钠 5g 荧光磁粉 1~2g
			煤油 1L 荧光磁粉 1~3g

磁悬液要求浓度适中。既要有一定的浓度以保证漏磁场处吸附足够的磁粉来显示缺陷，又不能使其他部位磁粉浓度过高而干扰观察结果。磁悬液的浓度一般为：非荧光磁粉 10~20g/L，荧光磁粉 1~3g/L。

在配制和使用磁悬液时，要保证浓度在合适范围，需经常测定，尤其是循环使用的磁悬液，应定期测定其浓度。其程序如下：连续充分搅拌磁悬液不少于 5min→取样 100mL 放入沉淀瓶→瓶中沉淀 30min→读取沉淀体积数→计算磁悬液浓度。

磁悬液在使用过程中还要注意保持清洁，不能被杂物污染。当磁悬液被污染或浓度达不到要求时，应重新配制。

第四节 磁粉检测过程

一、焊缝磁粉检测的一般工艺过程

焊缝磁粉检测的一般工艺过程包括预处理、磁化、施加磁粉、磁痕观察、磁痕分析、退磁、后处理等。

1. 预处理

预处理就是检测前要用机械或化学方法清理工件表面。目的是使磁粉容易流动，以利于漏磁场的吸附。预处理一般要做以下工作。

1）清理焊接接头表面的油污、铁锈、氧化皮、飞溅、残留焊剂及焊渣。

实验三 任务书

2）使用干粉时要干燥磁粉与工件表面。

3）用化学清理法后，若清理液与磁悬液酸碱性不同，应干燥工件表面。

2. 磁化

在本章第二节中已详细论述了工件的磁化方法及磁化规范的选择。

3. 施加磁粉

施加磁粉是把磁粉或磁悬液喷洒于工件表面的过程。根据施加磁粉的时期不同，可分为连续法和剩磁法。

连续法是施加磁粉或磁悬液与工件磁化同时进行的方法，即预处理→工件磁化与施加磁粉→后序工艺过程。连续法磁化时间长，磁化效果好，一般焊缝和大、中型工件均采用此法。

剩磁法是工件在磁化之后再施加磁粉或磁悬液的方法，即预处理→工件磁化→施加磁粉→后序工艺过程。因为剩磁场强度一般小于磁化磁场强度，所以剩磁法的灵敏度低于连续法，只适合于检查表面缺陷，但剩磁法生产率高，特别适合于批量生产的小型工件。

施加磁粉或悬浮液时要注意：

1）尽可能均匀施加。

2）用干粉法时，要使磁粉自由落在工件表面，并用柔和的气流轻轻吹动磁粉，使其向缺陷处流动。

3）用湿粉法时，应不断搅拌磁悬液以保证浓度符合要求。

4. 磁痕观察

磁痕观察是指对工件上形成的磁痕进行观察与记录的过程。磁痕观察应在磁痕形成后立即进行。当采用非荧光磁粉时，可在一般照明光源下直接观察；采用荧光磁粉时，必须在暗室紫外线灯下进行观察。观察时可以借助低倍放大镜。确定缺陷后，绘制磁痕草图或照相做记录，为返修做准备。

5. 磁痕分析

磁痕分析是辨识磁痕的过程。一般把磁痕显示分为三大类：表面缺陷磁痕、近表面缺陷磁痕、假磁痕。

表面缺陷磁痕十分清晰，磁粉附着密集，线条明显，缺陷重复性好。

近表面缺陷磁痕比较模糊，线条较粗，宽而不尖，随着缺陷埋藏深度的增加而变得更加模糊。要想显示近表面缺陷，应适当提高磁化电流。

对于焊缝来说，磁粉检测显示的缺陷主要是裂纹、夹杂物和气孔。

（1）裂纹 磁痕轮廓分明，有时是粗而平的线条，有时是一条曲折的线条，可连续也可断续分布，中间宽而两端尖。

（2）气孔和点状夹杂物 线条不太分明，分布无规律性，可呈单一状、链状、蜂窝状，主要与缺陷分布有关，磁粉堆积具有低而平的特点。

（3）条状夹杂物 线条分布无规律，磁痕不明显，有一定宽度，磁粉堆集平而低。

不是缺陷引起的磁痕称为假磁痕。假磁痕往往与缺陷磁痕相混淆，给探伤工件带来不必要的麻烦。假磁痕的磁场强度相对较弱，磁粉聚集松散，再现性差。假磁痕是由工件几何形状变化、表面油脂、划痕、磁化电流过大等原因造成的。

当不能确认磁痕类型时，应重新检测，直到能正确进行磁痕分析为止。

6. 退磁

退磁是将工件经磁粉检测后残留的磁场减小为零的过程。工件在探伤后，或多或少地保留一定的剩余磁场，若它不影响工件后序的加工、使用和检测时，则可不必退磁。在下列情况下，需进行退磁处理。

1）工件需要再进行机械加工。

2）剩磁会影响使用性能。

3）同一工件两次磁粉探伤之间。

4）图样技术要求中特别注明。

退磁方法有以下几种：

（1）交流退磁法 一种方法是把工件放在交流线圈中逐渐移出；另一方法是工件不动，逐渐减少线圈中的电流直至为零。

（2）直流退磁法 一般采用不断变换直流电流方向（磁场方向也改变）并逐渐减少电

流的方法。退磁时，应先减小电流，再变换方向。

7. 后处理

后处理就是清除工件残留的磁粉或磁悬液，以及干燥工件的过程。一般工件可不必进行后处理，只有在对工件表面质量要求高或磁粉对后续加工过程与使用有影响时才进行。

一般焊缝磁粉检测是按照检测工艺卡进行操作的，检测工艺卡要求由有经验和资质的专业人员来编写。一种低温储罐的焊缝磁粉检测工艺卡见表4-4。

表4-4 一种低温储罐的焊缝磁粉检测工艺卡

产品名称	低温储罐	材料牌号	09MnNiDR	工件规格	ϕ2800mm×8000mm×18mm
热处理状态	整体热处理	检测部位	A、B、C、D焊缝及热影响区，100%检测	工作表面要求	清除杂质，并打磨焊缝及热影响区表面
检测时机	焊后24h	检测设备	可变角度CJE交流磁轭，CXE交叉磁轭	标准试块	A_1-30/100
检测方法	荧光磁粉湿式剩磁法，连续法	光线及检测环境	紫外线照度大于或等于1000lx，环境光照度小于20lx	缺陷磁痕记录方式	照相、贴印或临摹草图
磁化方法	磁轭法，交叉磁轭法	电流种类、磁化规范	交流电磁轭法，提升力大于或等于45N；交叉磁轭法，提升力大于或等于118N（间隙为0.5mm）	磁粉、载液及磁悬液配制浓度	YC-2荧光磁粉，LPW-3号煤油，0.5~2g/L
磁悬液施加方法	喷洒法	检测方法标准	NB/T 47013.4—2015	质量验收等级	Ⅰ级
检测质量要求	不允许存在任何裂纹 不允许存在任何条形缺陷磁痕 圆形缺陷（评定区尺寸为35mm×100mm）长径d≤1.5mm，且在评定区内不多于1个				

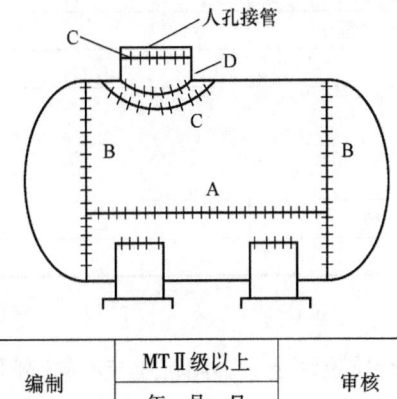

磁化方法附加说明：
1）A、B焊缝用CXE交叉磁轭磁化
2）C、D焊缝用可变角度CJE交流磁轭，在垂直于或平行于焊缝的两个方向磁化。磁极间距大于或等于75mm，保证有效磁化区重叠，在磁化时施加磁悬液
3）磁化规范最终通过标准试片上的磁痕显示确定

编制	MTⅡ级以上 年 月 日	审核	年 月 日	审批	NDT责任工程师 年 月 日		单位技术负责人 年 月 日

实验三 指导书

实验三 实验报告

二、磁粉检测报告及验收标准

1. 检测报告

检测报告是记录磁粉检测操作过程和规范的正式文件,根据 NB/T 47013.4—2015《承压设备无损检测 第 4 部分:磁粉检测》的规定,检测报告至少应包括以下内容:

1) 委托单位。
2) 被检工件名称、编号、规格、材质、坡口形式、焊接方法和热处理状况。
3) 检测设备名称、型号。
4) 检测规范,包括磁化方法及磁化规范,磁粉种类及磁悬液浓度和施加磁粉的方法,检测灵敏度校验及标准试片、标准试块。
5) 磁痕记录及工件草图(或示意图)。
6) 检测结果及质量分级、检测标准名称及验收等级。
7) 检测人员和责任人员签字及其技术资格。
8) 检测日期。

磁粉检测报告格式见表 4-5。

表 4-5 磁粉检测报告格式

检测单位名称		磁粉检测报告		送检单位名称	
工件名称			工件编号		
材料			热处理状态		
磁化设备			磁化方法		
检测方法			磁粉名称		
试片名称、型号			验收标准		
检测结果					

工件和缺陷示意图

检测日期	检测者	审核	备注

2. 磁粉检测质量分级

当确定磁痕是由缺陷造成的之后,应对缺陷磁痕进行质量评定。不同行业与不同部门的验收标准是不同的。下面介绍的是 NB/T 47013.4—2015 标准。

（1）磁痕分类

1）长度小于 0.5mm 的磁痕忽略不计。

2）长宽比大于 3 的磁痕，按条状缺陷磁痕处理；长宽比不大于 3 的磁痕，按圆形缺陷磁痕处理。

3）当两条或两条以上缺陷磁痕在同一直线上且间距不大于 2mm 时，按一条磁痕处理，其长度为两条磁痕及间距之和。

4）当缺陷磁痕长轴方向与工件夹角大于或等于 30°时，认为是横向缺陷，其余为纵向缺陷。

（2）缺陷评定　磁粉检测不允许存在任何裂纹和白点，紧固件和轴类零件不允许存在任何横向缺陷显示。

焊接接头的磁粉检测质量分级见表 4-6。

表 4-6　焊接接头的磁粉检测质量分级

质量等级	线性缺陷磁痕	圆形缺陷磁痕（评定框尺寸为 35mm×100mm）
Ⅰ	不允许	$d \leq 1.5$mm，且在评定框内不大于 1 个
Ⅱ	不允许	$d \leq 3.0$mm，且在评定框内不大于 2 个
Ⅲ	$l \leq 3.0$mm	$d \leq 4.5$mm，且在评定框内不大于 4 个
Ⅳ	大于Ⅲ级者	

注：l 表示线性缺陷磁痕长度；d 表示圆形缺陷磁痕长径。

当圆形缺陷评定区内同时存在多种缺陷时，应进行综合评级。首先对各类缺陷分别进行评级，取质量级别最低的级别作为综合评级的级别；当各类缺陷的级别相同时，则降低一级作为综合评级的级别。

实验三　评价表

复习思考题

一、填空题

1. 磁粉检测主要用于检查_____材料的_____及_____位置缺陷。

2. 在磁粉检测中，通常规定：条状缺陷显示是指长度大于_____宽度的显示。

3. 磁导率高的材料_____性能好，容易_____。

4. 在磁粉检测法中，根据产生磁力线的方法不同，有_____磁化、_____磁化和_____磁化三种方式。

5. 在磁粉检测中，表面或近表面缺陷的取向与磁力线方向_____时，才有最良好的磁痕显示。

6. 磁粉检测是利用在强磁场中，_____材料表面或近表面缺陷产生的_____磁场吸附磁粉的现象来发现其表面或近表面缺陷的无损检测方法。

7. 磁粉堆集在一起，形成的反映缺陷的磁粉聚集图像称为_____。

8. 当缺陷长度方向与工件内部磁力线方向_____时，磁力线弯曲程度最大，漏磁场强度最大。缺陷越靠_____，漏磁场越强。

9. 磁粉检测法分为_____法和_____法。
10. 黑磁粉主要用来检测_____色工件，红磁粉常用来检测_____色工件，白磁粉主要用于_____色工件。
11. 荧光磁粉适合于各种工件的检测，尤其是表面被_____的铸件或锻件。
12. 在外加磁场作用下，零件中产生的磁场强度通常称为_____。
13. 横向缺陷显示：缺陷磁痕长轴方向与工件夹角大于或等于_____。
14. 焊缝磁粉检测的一般工艺过程包括 _____、_____、_____、_____、_____、_____、_____等。

二、判断题
1. 磁粉检测法适用于铁磁性材料。（　　）
2. 磁粉检测法适用于各种金属导电材料。（　　）
3. 磁粉检测法仅用于硬铁磁性材料。（　　）
4. 磁导率表示材料被磁化的难易程度，所以磁导率只与材料有关，是个常数。（　　）
5. 所有的不锈钢零件都不能采用磁粉检测法检验。（　　）
6. 轴类零件放在螺管线圈中磁化，在零件中可产生周向磁场。（　　）
7. 磁粉检测中，缺陷漏磁场的大小只与缺陷的尺寸和大小有关。（　　）
8. 裂纹缺陷的延伸方向与磁力线方向平行时最容易被磁粉检测发现。（　　）
9. 荧光磁粉检测也可以在白光下观察磁痕显示。（　　）
10. 线圈法纵向磁化所产生的磁场强度仅取决于电流。（　　）
11. 穿棒法磁粉检测中，在磁化电流不变的情况下，导体直径减为原来的1/2，其表面的磁场强度将为原来的1/2。（　　）
12. 同样大小的电流通过两根尺寸相同的导体时，如果一根是铁磁性材料，另一根是非铁磁性材料，则包围在各导体周围的磁场强度是不相同的。（　　）
13. 磁痕的非相关显示也是由漏磁场和磁粉互相作用而产生的。（　　）
14. 在同一条件下进行磁粉检测，交流磁化法比直流磁化法对表面缺陷的检测灵敏度高。（　　）
15. 焊缝中的层间未熔合容易用磁粉检测法检测出来。（　　）
16. 采用连续法检测时，磁粉或磁悬液的施加必须在磁化过程中完成，并注意已形成的磁痕不被流动的磁悬液所破坏。（　　）
17. 磁粉检测球罐环向焊接接头时，磁悬液应喷洒在行走方向，检测纵向接头时，磁悬液应喷洒在行走方向的前上方。（　　）

三、选择题
1. （　　）能够进行磁粉检测。
   A. 碳素钢　　　B. 奥氏体不锈钢　　　C. 黄铜　　　D. 铝
2. 下列不能进行磁粉检测的材料是（　　）。
   A. 奥氏体不锈钢　　　B. 铁素体不锈钢　　　C. 高碳钢　　　D. 低合金钢
3. （　　）适合于磁粉检测。
   A. 静电感应强的材料　　　B. 铁磁性材料　　　C. 非铁金属　　　D. 电导体
4. 磁粉检测是一种无损检测方法，这种方法可以用于检测（　　）。
   A. 表面缺陷　　　B. 近表面缺陷　　　C. 以上都是
5. 检测钢材表面缺陷最方便的方法是（　　）。
   A. 静电法　　　B. 超声法　　　C. 磁粉法　　　D. 射线法
6. 磁粉检测对（　　）不可靠。
   A. 表面折叠　　　B. 埋藏很深的孔洞　　　C. 表面裂纹　　　D. 表面缝隙

7. 下列哪种缺陷能被磁粉检测检验出来？（　　）
   A. 螺栓螺纹部分的疲劳裂纹　　　　　　　　B. 钢制弹簧板的疲劳裂纹
   C. 钢板表面存在的裂纹和折叠　　　　　　　D. 以上都是
8. 磁粉检测技术利用的基本原理是（　　）。
   A. 毛细现象　　　　B. 机械振动波　　　　C. 漏磁场　　　　D. 放射性能量衰减
9. 选择工件磁化电流的大小时应遵循（　　）。
   A. 检测规范　　　　B. 磁化规范　　　　C. 焊接规范　　　　D. 退磁规范
10. （　　）主要用于检验磁粉检测设备、磁粉和磁悬液的综合性能（系统灵敏度），也用于考察磁粉检测试验条件和操作方法是否恰当。
    A. 试片　　　　B. 剩磁法试块　　　　C. 磁悬液　　　　D. 磁粉
11. 荧光磁粉检测使用的辐照光源是（　　）。
    A. 红外线　　　　B. 紫外线　　　　C. 白光　　　　D. 激光
12. 铁磁性材料表面与近表面缺陷的取向与磁力线方向（　　）时最容易被发现。
    A. 垂直　　　　B. 平行　　　　C. 倾斜45°　　　　D. 都可以
13. 以下有关磁场的叙述错误的是（　　）。
    A. 磁场不存在于磁体之外　　　　　　　　B. 磁场具有方向和强度
    C. 利用磁针可以测得磁场的方向　　　　　D. 磁场存在于通电导体周围
14. 在外加磁场作用下，零件中产生的磁场强度通常称为（　　）。
    A. 顽磁性　　　B. 外加磁场强度　　　C. 磁感应强度　　　D. 磁导率
15. 用交流电磁轭对大型结构件对接焊缝进行磁粉检测时，需要注意的事项是（　　）。
    A. 磁粉检测部位的厚度　　　　　　　　B. 反磁场的影响
    C. 磁极与焊缝的相对位置及磁极间距　　　D. 以上都对
16. 下列关于连续法的叙述中，正确的是（　　）。
    A. 并非所有的铁磁性材料都能用连续法　　B. 应在停止喷洒磁悬液后断电
    C. 应在停止喷洒磁悬液前断电　　　　　　D. 所用的磁化电流比剩磁法高

四、简答题

1. 磁粉检测的原理是什么？影响漏磁场的因素有哪些？
2. 磁化方法是如何分类的？
3. 什么是磁化规范？如何选择磁化规范？
4. 磁粉的种类有哪些？对磁粉性能有何要求？
5. 简述磁粉检测的一般工艺过程。

第四章　习题答案

第五章 渗透检测

渗透检测是利用带有荧光染料（荧光法）或红色染料（着色法）的渗透剂的渗透作用，显示缺陷迹痕的无损检验法。渗透检测是检验表面开口缺陷的常规方法，具有设备简单、操作容易、成本低、缺陷显示直观等优点，一次检查便可发现各方向的缺陷，且不受材料、工件形状和大小、场地、电源等方面的限制等，广泛用于金属材料和非金属材料构件表面开口缺陷的质量检验。本章主要介绍渗透检测的原理、操作方法、验收标准及渗透剂的种类与性能。

第一节 渗透检测原理、方法、分类及应用

一、润湿现象与毛细管现象及其在渗透检测中的应用

1. 润湿现象

如果在玻璃板上放一滴水银，它总是会收缩成小球，能够滚来滚去而不润湿玻璃，这种现象就称为不润湿现象。对玻璃来说，水银是不润湿液体。如果在清洁的玻璃板上放一滴水，它非但不收缩成小球，而且要向外扩展，形成一薄片，这种现象就称为润湿现象，水是玻璃的润湿液体。

把润湿液体装在容器里（对该容器而言，该液体是润湿液体），靠近器壁处的液面呈上弯的形状，如图 5-1 所示。把不润湿液体装在容器里，靠近器壁处的液面呈下弯的形状，如图 5-2 所示。对内径小的容器来说，这种现象是显著的，整个液面呈弯月形，俗称"弯月面"。

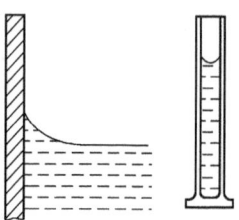
图 5-1 液体润湿固体示意图

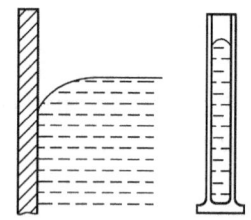
图 5-2 液体不润湿固体示意图

液体的润湿性能有四个等级，如图 5-3 所示。

图 5-3 液体的四个等级润湿性能示意图

2. 毛细管现象

拿一根很细的玻璃管，把它的一端插入装在玻璃容器里的水中。由于水能润湿管壁，所以可看到水在这根管子里上升，水面呈凹面，并高于容器的水面。管子的内径越小，它里面的水面也越高。若把这根细玻璃管插入装在玻璃容器中的水银里面，则由于

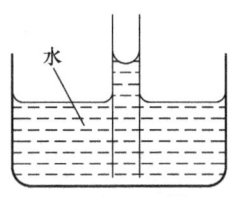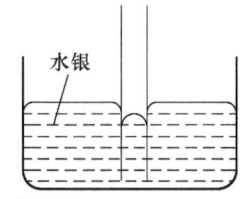

图 5-4 毛细管现象

水银不能润湿管壁，所以发生的现象正好相反，管里的水银面呈凸面，并且比容器里的水银面低。管子的内径越小，它里面的水银面就越低，如图 5-4 所示。

润湿液体在毛细管中呈凹面并上升，不润湿液体在毛细管中呈凸面并下降的现象，称为毛细管现象。能够发生毛细管现象的管子称为毛细管。

毛细管现象并不限于一般意义上的毛细管，像两板平面间的夹缝，各种形状的棒、纤维、颗粒堆积物的空隙都是特殊形式的毛细管。

3. 润湿现象和毛细管现象的渗透检测中的应用

当含有细微缝隙的物体与液体接触时，在润湿情况下液体沿缝隙上升或渗入，在不润湿情况下液体沿缝隙下降。在润湿情况下，缝隙越细，液体上升越高。依据这个原理，渗透检测是将零件表面的开口缺陷看作是毛细管或毛细缝隙，采用能润湿零件的渗透剂浸润零件，渗透剂在毛细管作用下渗入零件表面的开口缺陷中去，使缺陷与周围的表面有所不同，如图 5-5a 所示；显像时使用的显像剂是一种细微粉末，能被渗透剂润湿，这些细微粉末之间可以形成很多半径很小的毛细管，当显像剂被敷撒在零件表面时，在毛细管作用下，就能把渗透到缺陷中的渗透剂吸出来，形成放大的缺陷显示，如图 5-5b 所示。

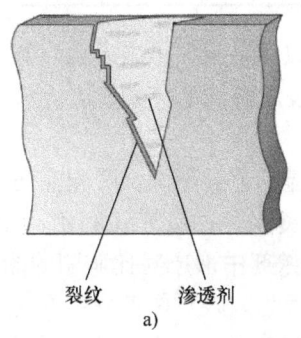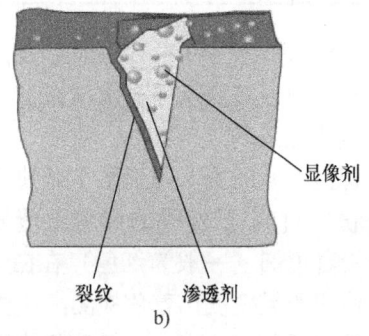

图 5-5 渗透检测缺陷的显示原理

二、渗透检测原理

渗透检测的基本原理是在被检工件表面涂上某种具有高渗透能力的渗透液，利用液体对固体表面细小孔隙的渗透作用，使渗透液渗透到工件表面的开口缺陷中，然后用水或其他清洗液将工件表面多余的渗透液清洗干净，待工件干燥后再把显像剂涂在工件表面，利用毛细管作用将缺陷中的渗透液重新吸附出来，在工件表面形成缺陷的痕迹，根据显示的缺陷痕迹对缺陷进行分析、判断。其基本原理及步骤如图 5-6 所示。

渗透检测的优缺点

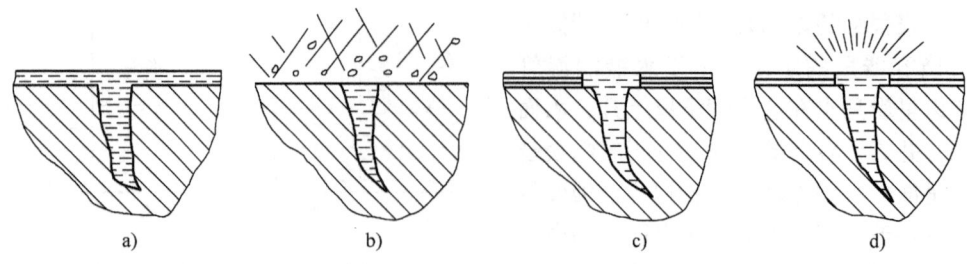

图5-6 渗透检测基本原理及步骤
a) 渗透处理 b) 去除处理 c) 显像处理 d) 检查评定

三、渗透检测方法分类

渗透检测是用渗透剂渗入工件表面，用显像剂来显示渗透结果。根据渗透剂和显像剂的不同，渗透检测分为不同的方法。表5-1列出了渗透检测的方法及分类。

表5-1 渗透检测的方法及分类

渗透剂		显像剂		渗透剂的去除	
分类	名称	分类	名称	分类	名称
Ⅰ	荧光渗透检测	a	干粉显像剂	A	水洗型渗透检测
Ⅱ	着色渗透检测	b	水溶解显像剂	B	亲油型后乳化渗透检测
Ⅲ	荧光、着色渗透检测	c	水悬浮显像剂	C	溶剂去除型渗透检测
		d	溶剂悬浮显像剂	D	亲水型后乳化渗透检测
		e	自显像		

实际上，渗透检测是上述几种方法的组合，可以用一组代号来表示。例如ⅡC-d表示溶剂去除型着色渗透检测–溶剂悬浮显像剂，ⅠA-a表示水洗型荧光渗透检测-干粉显像剂等。

1. 荧光检测与着色检测

荧光检测和着色检测的主要区别在于对缺陷的显示方式不同。荧光探伤渗透液中含有荧光剂（如氧化镁粉），它在紫外线的照射下能发出黄绿色的荧光，利用这个特性来显示缺陷。着色检测是用着色剂（一般为红色）在白色显像剂中形成对比鲜明的图像来显示缺陷。相对而言，荧光检测的灵敏度比着色检测高一些，因为人眼对黑色背衬下荧光亮点的分辨力大于白色背衬下其他颜色的分辨力。但着色检测比较简单，在普通光源下即可观察，不需要暗室，而荧光检测必须在暗室中观察才能发现缺陷。不管是荧光剂还是着色剂，必须能溶解在液体渗透液中，方能发挥作用，显示缺陷。根据渗透液的种类不同，各自又分为水洗型、后乳化型和溶剂去除型三种检测方法。

（1）水洗型检测法 这种方法渗透液有两种类型，一种是以水为溶剂，称为水基型，它适于检测不能接触油类的工件；另一种是在水中加入乳化剂，称为自乳化型。乳化剂能使油变成极微小的颗粒而均匀分布在水中，形成"水包油"的匀质状态，看起来像是油溶于水从而使油水不分层，这一现象称为乳化现象。能实现乳化现象的物质称为乳化剂，它适于检测有油污或比较粗糙的工件。水洗型检测法是用水清洗工件表面多余的渗透液，操作比较简单，成本低廉、使用较普遍。其主要缺点是灵敏度较低，不能检测细小缺陷。

(2) 后乳化型检测法　自乳化型的渗透液又称前乳化型，其渗透液溶于水，可以用水清洗工件表面多余的渗透液。后乳化型渗透液中不加乳化剂，不能直接用水清洗残余的渗透液，必须在渗透之后进行乳化处理。与前乳化型相比，后乳化型渗透液的黏度较低，流动性好，更有利于荧光剂或着色剂在渗透液中的溶解和向缺陷中的渗透，因此检测灵敏度高，能检测出细小的缺陷，适于检查精密工件。

(3) 溶剂去除型检测法　溶剂去除型的清洗液主要由各种有机物组成，可以避免水洗型探伤法灵敏度不高，后乳化型检测法操作复杂的缺点。清洗溶剂一般是装在喷罐内，便于携带，在大型结构、野外或没有水、电的场合得到广泛应用。由于使用有机溶剂代替水，所以成本要高一些。需要指出的是，有机溶剂渗透性好，要注意不能使其渗透到工件缺陷中，降低渗透剂的浓度；同时，应注意其易挥发、易燃烧、有一定毒性，使用时要注意安全。

2. 干式显像法、湿式显像法和快干式显像法

(1) 干式显像法　又称干粉显示法，主要用于荧光检测。工件干燥后可直接将显像剂洒在表面，形成一层薄的氧化镁或氧化钛白色粉末来显示缺陷，显像粉末用完后很容易清理。

(2) 湿式显像法　主要用于着色检测。显像剂是无机物，载液是水，按一定比例配制而成。使用湿式显像法时，安全方便，但必须使显像剂中的水蒸发后才能显像。因此，自然干燥显像需要较长时间，生产中可以采用热风吹干的方法加快显像速度。

(3) 快干式显像法　此法解决了湿式显像法显像时间长的缺点，显像剂的载体是易挥发的有机物，这种显示方法显示轮廓分明，灵敏度高，配合着色剂使用效果非常好。

3. 渗透检测方法的选择与应用

渗透检测方法的选用，首先应满足检测缺陷类型和灵敏度的要求。在此基础上，应考虑被检工件数量、工件表面质量、设备情况和电源条件等因素来选择检测方法。

(1) 渗透检测的灵敏度等级　灵敏度等级分为1级——低灵敏度，2级——中灵敏度以及3级——高灵敏度。不同灵敏度等级在镀铬试块上可显示的裂纹区位数不同，见表5-2。

表5-2　渗透检测的灵敏度等级

灵敏度等级	可显示的裂纹区位数
1级	1~2
2级	2~3
3级	3

(2) 渗透检测方法的选用

1) 对于表面光洁且灵敏度要求高的工件，宜采用后乳化型着色法或后乳化型荧光法检测，也可采用溶剂去除型荧光法。

2) 对于表面粗糙且灵敏度要求低的零件，宜采用水洗型着色法或水洗型荧光法。

3) 对于批量大的工件，宜采用水洗型着色法或水洗型荧光法。

4) 对于大工件的局部检测，宜采用溶剂去除型着色法或溶剂去除型荧光法。

(3) 检测时机　一般情况下，焊接接头的渗透检测应在焊接完成后或焊接工序完成后进行；对于有延迟裂纹倾向的材料，至少应在焊接完成24h后进行焊接接头的渗透检测；紧

固件和锻件的渗透检测应在最终热处理之后进行。

（4）渗透检测法的应用　渗透检测在焊接过程中主要应用在以下方面：

1) 经火焰加工或机械加工后坡口面的检测。

2) 焊缝表面或堆焊表面的检测。

3) 压力容器经热处理或压力试验后，焊缝表面的检测。

4) 船体重要焊缝表面的检测。

第二节　渗透检测剂与对比试块

在渗透检测过程中要用到许多化学试剂，有渗透剂、乳化剂、清洗剂和显像剂，它们统称为渗透检测剂。渗透检测剂的成分和性能将直接影响检测的结果，现将生产中用到的渗透检测剂介绍如下。

一、渗透剂

渗透剂是检测剂中最关键的一种。它不仅影响检测灵敏度，还关系到其他检测剂的选用。渗透剂一般由染料（或荧光物质）、溶剂、乳化剂及改变渗透性能的附加成分组成。根据其显像方式不同，渗透剂又分为荧光剂和着色剂，前者含有荧光物质，后者含有红色染料，其余成分大致相同，对性能要求也基本相同。

1. 渗透能力强

这是对渗透剂最基本也是最重要的要求。渗透能力强，液体才容易进入工件的表面开口缺陷中。为此，渗透剂中常含有表面张力系数较低的有机溶剂，如苯、煤油等。当用水作为溶剂时，由于水的表面张力大，需要加入表面活性剂来提高渗透性。

2. 色泽鲜明

渗透检测显像后，渗透剂和显像剂对比强烈，才便于观察。在着色检测中，染料是红色的，最常用的是苏丹Ⅳ，此外还有刚果红、油溶红等。在荧光检测中，荧光物质在紫外线的照射下发出耀眼的黄绿色荧光。

3. 清洗性能好

渗透处理后，工件表面必然有一定量未渗入的渗透剂，必须在把它们清理干净后才能进行显像处理。否则，多余的渗透剂会形成伪迹痕而引起误检。

4. 润湿性能好

显像处理后，进入缺陷的渗透剂应能顺利地从缺陷中被吸出，形成显示迹痕。此外，还要求渗透剂挥发性小，毒性低，化学性质稳定，腐蚀性小。表5-3列出了常用渗透剂的配方。

表5-3　常用渗透剂的配方

渗透剂类型	配方编号	配方顺序	成　　分	含　　量
溶剂去除型	1	1	苏丹Ⅳ	1g/100mL
		2	苯	20%
		3	煤油	80%

(续)

渗透剂类型	配方编号	配方顺序	成 分	含 量
后乳化型	2	1	水杨酸甲酯	30%
		2	煤油	60%
		3	松节油	10%
		4	苏丹Ⅳ	18g/100mL
	3	1	128烛红	0.7g/100mL
		2	水杨酸甲酯	25%
		3	苯甲酸甲酯	10%
		4	松节油	15%
		5	煤油	50%
水洗型	水基型	4	1	水	100%
			2	表面活性剂	2.4g/100mL
			3	氢氧化钾	0.4~0.8g/100mL
			4	刚果红	2.4g/100mL
	自乳化型	5	1	二甲基苯	15%
			2	α-甲基苯	20%
			3	200#溶剂汽油	52%
			4	萘	1g/100mL
			5	吐混-60	5%
			6	三乙醇胺油酸酯	8%
			7	油溶红	1.2g/100mL

注：表中百分数指体积分数。

二、乳化剂

加入某种物质，使原来不相溶的物质相互溶解，这种作用称为乳化。有乳化作用的物质称为乳化剂。在后乳化型渗透剂中，需要加入乳化剂使油能溶于水，从而使渗透剂能被水清洗掉。乳化剂的成分为OP-10或平平加。对乳化剂的基本要求如下：

1) 乳化性能好。
2) 渗透性能低。
3) 具有良好的洗涤作用。
4) 外观（色泽、荧光颜色）上能与渗透剂明显地区分开。
5) 性能稳定，无腐蚀，无毒，废液及去除污水的处理简便。

常用乳化剂的配方见表5-4。

表5-4 常用乳化剂的配方

配方编号	成 分	含 量	备 注
1	乳化剂（OP-10）	50%	
	工业乙醇	40%	
	工业丙酮	10%	
2	乳化剂（平平加）	60%	必须配用50~60℃的热水冲洗
	油酸	5%	
	丙酮	35%	

(续)

配方编号	成 分	含 量	备 注
3	乳化剂（平平加） 工业乙醇	120g/100mL 100%	水溶加热互溶成膏状物即可使用

注：表中百分数指体积分数。

三、清洗剂

能去除表面多余渗透剂的液体称为清洗剂，又称为去除剂。不同类型的渗透剂，所用的清洗剂是不同的。水洗型渗透剂所用的清洗剂是具有一定压力的温水，后乳化型渗透剂经乳化处理后，也用水进行清洗。溶剂去除型渗透剂的清洗剂是有机溶剂，最常用的清洗有机溶解是丙酮和乙醇单一配方，有时也加入其他溶剂混合而成。对清洗剂的基本要求如下：

1) 必须对渗透剂中的染料有较大的溶解度。
2) 对工件表面的润湿作用强，清洗速度快。
3) 有良好的互溶性，具有一定的挥发性，低毒性。
4) 化学稳定性好，应不与染料或荧光物质发生反应，也不熄灭荧光。

四、显像剂

显像剂是把渗入到缺陷中的渗透剂吸附到工件表面形成可见迹痕的物质。对显像剂的要求如下：

1) 与渗透剂能形成高度对比。
2) 吸湿能力强且速度快。
3) 性能稳定、无腐蚀等。

显像剂由吸附剂、溶剂、限制剂和稀释剂等组成。

吸附剂是细小的白色粉末，主要包含氧化锌、氧化镁和二氧化钛，它对缺陷处的渗透剂具有吸附作用，并形成白色衬底。

溶剂是吸附剂的载体，有两大类：一类是水；另一类是低沸点的有机溶剂，如丙酮、二甲苯等。

限制剂的作用是增大溶剂的黏度，限制渗透剂的扩散，使痕迹清晰易于观察。湿式显像以糊精为主，快干式显像以火棉胶为主。

稀释剂的作用是溶解限制剂，并提高限制剂的挥发性和调整显像剂的黏度。丙酮、乙醇是最常用的稀释剂。

显像剂有三种：干式显像剂、湿式显像剂和快干式显像剂。干式显像剂只含有吸附剂，用于荧光检测。湿式显像剂是吸附剂的水溶液加入一定的限制剂。而快干式显像剂是在吸附剂的有机溶剂中加入稀释剂、限制剂等多种成分混合而成的，显像性能最好。表5-5列出了着色检测用显像剂的配方。

表5-5 着色检测用显像剂的配方

配方编号	成分	含量	备 注
1	氧化锌 苯 火棉胶（5%） 丙酮	5g/100mL 20% 70% 10%	适用于浸涂、刷涂或喷涂。用喷涂法时应再加入40%~50%的丙酮稀释

(续)

配方编号	成分	含量	备注
2	氧化锌 工业丙酮 P．л．B 稀释剂 火棉胶（5%）	10g/100mL 65% 20% 15%	用于喷涂
3	油溶锌白 苯 火棉胶（5%） 工业丙酮	50g/100mL 20% 20% 60%	
4	过氯乙烯树脂 工业丙酮 二甲苯 油溶锌白	30g/100mL 60% 40% 5g/100mL	将树脂倒入丙酮中充分搅拌，使其充分溶解后再倒入二甲苯，继续搅拌 10～15s 后，再加入油溶锌白

注：表中百分数指体积分数。

五、常用渗透检测剂系统

渗透检测剂系统是指由渗透剂、乳化剂、清洗剂和显像剂构成的特定组合系统。系统中每种材料不仅需要满足各自特定的要求，而且作为一个整体，还需要做到系统内部互相相容，最终满足整体系统的目标要求，即检测表面开口缺陷。

我国目前广泛使用的 DPT 型着色渗透检测剂由红色着色渗透剂、溶剂清洗剂及显像剂组成，以喷罐成套出售，如图 5-7 所示。

六、渗透检测对环境的污染与控制

渗透检测中使用的检测剂如渗透剂、清洗剂与显像剂等，其中都含有对人体及动物有害的成分。这些检测剂在使用过程中，一方面会弥散在空气中造成空气污染，人体吸入少量被污染的空气会对呼吸系统产生刺激，大量吸入则会引起中毒，因此检验操作场所要注意通风，最好是将被污染的空气经净化后再排放到大气；另一方面在用水清洗时产生大量有毒污水，若不经处理就排放，则会污染河流或地下水，用被污染的水灌溉农田，会造成土壤污染并最终使有些有毒离子通过食物链积累，给人体健康带来危害，因此必

图 5-7 着色渗透检测剂

须对污水进行净化处理。污水处理的方法有物理法、化学法、离子交换法、活性炭吸附法等。

七、试块

在渗透检测中，通常要使用对比试块来评定检测效果、渗透检测剂性能和检测人员的操作能力。对比试块有 A 型试块和 B 型试块两种。

1. A 型试块（铝合金试块）

A 型试块尺寸如图 5-8 所示，厚度为 10mm，试块中间有一道沟槽将其分为两部分（也

可以将其分成两块），其上均有细密相对称的裂纹图形。A 型试块主要用于以下两种情况：一是在正常使用情况下，检测渗透检测剂能否满足要求，以及比较两种渗透检测剂性能的优劣；二是对用于非标准温度下的渗透检测方法做出鉴定。

2. B 型试块（镀铬试块）

将一块尺寸为 130mm×40mm×4mm、材料为 0Cr18Ni9Ti 或其他不锈钢材料的试块单面镀铬，用布氏硬度法在其背面施加不同载荷形成三个细微辐射状裂纹区，如图 5-9 所示。

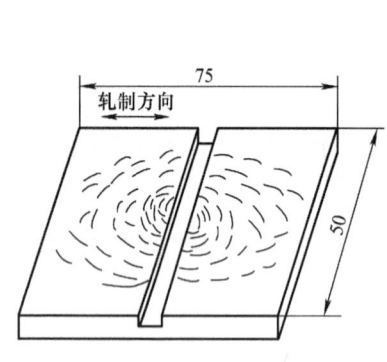

图 5-8 A 型试块

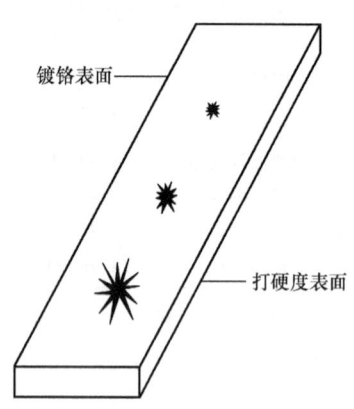

图 5-9 B 型试块

第三节　渗透检测工艺卡与操作步骤

渗透检测的操作步骤较多，检测时各步骤都应给予足够的重视，在检测前应根据被检工件认真编写渗透检测工艺卡，并在检测过程中严格按工艺卡的要求操作。

一、渗透检测工艺卡

渗透检测工艺卡应包括被检工件的原始数据、渗透检测的方法、部位、标准、技术要求等，见表 5-6。

实验四　任务书

表 5-6　渗透检测工艺卡

工件名称		工件类别		工件规格	
主体材质		厚度		表面状况	
检测方法		检测部位		检测比例	
环境温度		对比试块		观察方式	
渗透剂型号		去除剂型号		显像剂型号	
检测方法标准			质量验收标准		
检测部位示意图：					

序号	技术参数说明	备注
1	渗透温度　~　℃，渗透时间＞　min	
2	显像时间＞　min	

编制：　　　　　校对：　　　　　审定：

二、渗透检测操作步骤

1. 前处理

前处理是渗透处理之前的准备工作，主要是彻底清理工件表面影响渗透液渗入缺陷的杂物，如油污、铁锈、氧化皮、焊渣及污物等附着物。

清理的方法很多，如化学清理法、机械清理法，应根据不同的材料采用适当的方法。铝、铜及其合金一般用化学清理法，注意清理后要干燥工件，防止残余的清洗液影响渗透液性能；不锈钢等材料一般用机械清理法，应避免造成工件表面有划痕造成伪显示。注意：绝对不允许采用喷砂或喷丸等可能堵塞缺陷开口的方法处理。

对焊缝进行前处理时，应清理焊缝及两侧至少 25mm 的区域，一般采用砂轮打磨的方法。

2. 渗透处理

渗透处理是在工件表面施加渗透液的过程。应根据工件的数量、尺寸、形状及渗透剂的种类等条件采用不同的渗透方法和渗透时间。在整个渗透过程中要保证渗透液能充分覆盖工件表面，否则会影响渗透效果。

（1）渗透方法

1）浸渍法。是将工件直接放在盛有渗透液的容器中。这种方法渗透速度快、效果好，适合于小型工件的批量检验。在渗透过程中要求工件被完全淹没，需要渗透液的量大，而实际消耗并不多，所以易造成渗透液浪费，尤其是在被检工件批量较小时，浪费更严重。

2）刷涂法。是用软毛刷蘸上渗透液对检测部位进行刷涂的方法。刷涂法方法简单、操作方便，不受工件大小、形状的限制，同时节省渗透液，成本低，应用比较广泛，特别适合于焊缝或大型工件的局部检验。

3）喷涂法。刷涂法的生产率较低，当检验工件较多时，宜采用喷涂法。喷涂法是用压缩空气将喷罐内的渗透液直接喷洒在工件表面的方法。和刷涂法相比，喷涂法渗透液能均匀地附着在工件上，渗透效果好。但喷涂法容易污染工作环境，有机溶剂对工作人员身体也不利，因此使用时要注意通风。

（2）渗透时间　渗透是一个扩散过程，需要一定的时间，一般渗透时间为 10~20min。渗透时间太短，渗透剂不能充分渗透到缺陷中；但是渗透时间过长，一是降低了生产率，二是渗透液易挥发或沉淀，使渗透液成分变化，影响渗透效果，还会增加清洗工作量。影响渗透时间的因素主要是渗透液的种类与缺陷的性质。

对于水洗型渗透液，其渗透能力相对较弱，需要延长渗透时间；而后乳化型和溶剂去除型的渗透液中有降低表面张力的物质，因此渗透能力较强，可以适当缩短渗透时间。

如果表面缺陷较大，可以减少渗透时间。对于焊件来说，其表面缺陷多为微小的裂纹和近表面气孔，需要延长渗透时间；必要时，可以轻微地振动工件以利于渗透。

3. 乳化处理

乳化处理是利用合适的方法把乳化剂施加在工件表面的过程。前面已经讲到，只有在后乳化型检验法时，才有乳化处理这道工序。乳化方法同渗透方法类似，一般是小型工件采用浸渍法，大型工件采用喷涂法，尽量避免使用刷子对工件表面来回刷涂，造成乳化剂与缺陷处的渗透剂发生乳化反应，在随后的清洗时渗透剂被部分清洗掉，从而影响显示效果。

乳化处理的关键是掌握乳化时间。乳化时间过长或过短都会影响检测效果，应根据乳化剂的种类、工件表面粗糙度等因素选择合适的乳化时间。乳化时间必须通过试验来确定。

4. 清洗处理

清洗处理就是去除工件表面多余的渗透液（或乳化剂）的过程。不管是哪种类型的渗透液，都必须进行清洗处理。在清洗过程中要注意：既要保证工件表面清洗干净，又不能把渗入工件缺陷中的渗透液一同洗去。

对于水洗型和后乳化型可用喷水法清洗。水的温度控制在 30～40℃，水压不超过 0.3MPa，水流不能垂直冲刷工件表面，应沿小于 45°的方向冲洗，最好与检测面平行。清洗结果对于着色检测，以表面看不出鲜明的颜色为准；对于荧光检测，可以在暗室中进行清洗操作，边清洗边观察，以看不到表面荧光为准。

用化学溶剂清洗要简单得多。一般先用布或纸吸收渗透液，然后蘸上少量清洗溶剂进行擦拭。在操作过程中，要沿同一方向进行擦拭，避免反复来回擦拭。同时，擦拭时间不能过长，因为布和纸能通过毛细管作用吸收缺陷中的渗透液。对于大型工件，最好把清洗液放入喷罐中，这样可大大提高效率，操作也方便。注意：溶剂去除型禁止使用冲洗法。

5. 干燥处理

干燥处理并不是每种渗透检测的必要工序。对于溶剂去除型检验法，由于其清洗用的是有机溶剂，本身挥发很快，不必进行干燥处理。用水清洗时采用干粉显像或快干式显像才需要干燥处理。

干燥处理有自然干燥和人工干燥两种方式。自然干燥时间较长，效率低，生产中常常采用人工干燥。人工干燥的方法很多，有用布直接擦干、热风吹干、压缩空气吹干、专门烘干装置烘干等。不管用什么方式，务必要控制好干燥温度和干燥时间，干燥温度不应高于50℃，否则易把渗透液蒸发掉；干燥的时间一般为 5～10min。

6. 显像处理

显像处理是利用显像剂从缺陷中吸附渗透剂的过程。根据显像剂的种类不同，使用不同的显像方式。

1) 干粉显像。主要用于荧光检测。工件干燥之后，可直接将干燥显像剂均匀地撒在工件表面。小型工件也可埋入显像剂中，保留一段时间，使显像剂充分吸附缺陷中的渗透液。为了便于分辨相邻缺陷，需吹走多余的显像粉末，工厂中常用的是手动鼓风工具——"皮老虎"。

2) 湿法显像。主要用于着色检测。清洗之后应立即进行显像处理，显像剂的施加过程与渗透液相同，可以用浸渍、刷涂、喷涂的方法。显像剂的载体是水，为了防止沉淀，在显像过程中要不断搅拌显像剂。显像时间一般为 7min 左右。时间过短，渗透液不能被充分吸附；时间过长，则会使渗透剂扩散，使显示结果与实际情况出现误差，痕迹过宽。

3) 快干式显像。操作方法同湿法显像类似。不同之处在于：一是采用喷涂法施加显像剂；二是显像后自然干燥。

7. 检验

检验是对显像的痕迹进行观察、记录的过程。在显像的同时应开始观察。渗透检测是用肉眼直接观察的，必要时可借助 5～10 倍放大镜，因此要求检测人员视力在 1.0 以上，无色盲。着色检测是在白光下观察，不论是自然光源还是人工光源，亮度应达到要求。荧光检测是在暗室中观察，检验人员至少应提前 5min 进入暗室，待适应环境后再进行观察。

对于显示的缺陷痕迹,应及时记录。可以在事先绘制的草图上标记,也可用透明胶纸描绘复制。对于着色检测,有条件的可采取照相记录的方法。

8. 后处理

如果残留的渗透剂和显像剂影响工件后续的加工、使用或者需要重新检验时,要对工件进行后处理。一般用水冲洗,也可用有机溶剂清洗,或直接用纸、布擦拭。对这一过程无特殊要求,只要把工件表面清理干净即可。

实验四 指导书

实验四 实验报告

第四节 缺陷的判别、分级与检测报告

一、缺陷的判别

迹痕是指检测工件表面经显像后的显示图案。迹痕是渗透检测术语。按照迹痕产生原因不同可分为真实迹痕、无关迹痕和伪缺陷迹痕。

真实迹痕是指由裂纹、气孔、夹渣等真实缺陷形成的显示,它是缺陷存在的标志,又称缺陷迹痕。根据迹痕形状来判断缺陷类型在很大程度上依靠检验人员的经验,但也有一定规律可遵循。表 5-7 给出了各种焊接缺陷真实迹痕显示特征。

表 5-7 各种焊接缺陷真实迹痕显示特征

缺陷种类		显示迹痕特征
焊接气孔		呈圆形、椭圆形或长圆条形,显示比较均匀,边缘减淡
焊接裂纹	热裂纹	一般略带波浪状或锯齿状的细条纹
	冷裂纹	一般呈直线细条纹
	弧坑裂纹	呈星状或锯齿状条纹
未焊透		呈一条连续或断续直线条纹
未熔合		呈直线状或椭圆状条纹
夹渣		缺陷显示不规则,形状多样且深浅不一

无关迹痕是由工件的加工工艺(如装配压痕等)、结构外形(如键槽、装配结合缝等)或是由划伤、飞溅等原因形成的显示。

伪缺陷迹痕是由于操作不当而产生的迹痕,与无关迹痕有所区别,如操作者手上渗透液的污染、工作台对工件的污染、清洗时渗透液飞溅到其他工件上等。

二、缺陷的分级与验收标准

不同技术标准,有不同的缺陷显示分级标准和验收标准,下面简要介绍两种。

1. GB/T 26953—2011 标准

GB/T 26953—2011《焊缝无损检测 焊缝渗透检测 验收等级》规定的金属材料焊缝验收等级见表 5-8。检测表面的宽度应包括焊缝金属和每侧各 10mm 距离的邻近母材金属。

表 5-8 金属材料焊缝渗透检测的验收等级

显示类型	验收等级		
	1	2	3
线状显示 （l 为显示长度）	$l \leqslant 2$mm	$l \leqslant 4$mm	$l \leqslant 8$mm
非线状显示 （d 为主轴长度）	$d \leqslant 4$mm	$d \leqslant 6$mm	$d \leqslant 8$mm

注：线状显示是指长度大于 3 倍宽度的显示，非线状显示是指长度小于或等于 3 倍宽度的显示。

渗透检测产生的缺欠显示通常与形成这个显示的缺欠尺寸和形状特征不同。影响渗透检测缺欠显示的因素包括：渗透材料的灵敏度、被检测工件的表面状况及检测操作过程和操作技术等。

2. NB/T 47013.5—2015

NB/T 47013.5—2015《承压设备无损检测 第 5 部分：渗透检测》规定渗透检测质量分级标准如下：

1) 不允许任何裂纹和白点，紧固件和轴类零件不允许任何横向缺陷显示。

2) 焊接接头和坡口的质量分级按表 5-9 进行。

表 5-9 焊接接头和坡口的质量分级

等级	线性缺陷	圆形缺陷 （评定区尺寸为 35mm × 100mm）
Ⅰ	不允许	$d \leqslant 1.5$mm，且在评定区内少于或等于 1 个
Ⅱ	不允许	$d \leqslant 4.5$mm，且在评定区内少于或等于 4 个
Ⅲ	$L \leqslant 4$mm	$d \leqslant 8$mm，且在评定区内少于或等于 6 个
Ⅳ	大于Ⅲ级	

注：L 为线性缺陷长度；d 为圆形缺陷在任意方向上的最大尺寸。

3) 其他部件的质量分级见表 5-10。

表 5-10 其他部件的质量分级

等级	线性缺陷	圆形缺陷 （评定区尺寸为 2500mm²，其中一条矩形边的最大长度为 150mm）
Ⅰ	不允许	$d \leqslant 1.5$mm，且在评定区内少于或等于 1 个
Ⅱ	$L \leqslant 4$mm	$d \leqslant 4.5$mm，且在评定区内少于或等于 4 个
Ⅲ	$L \leqslant 8$mm	$d \leqslant 8$mm，且在评定区内少于或等于 6 个
Ⅳ	大于Ⅲ级	

注：L 为线性缺陷长度；d 为圆形缺陷在任意方向上的最大尺寸。

三、检测报告

渗透检测报告是反映检测最终结果的正式文件，渗透检测报告能综合反映实际的工艺过程。根据 NB/T 47013.5—2015 的规定，检测报告应至少包括以下内容：

1) 委托单位。

2) 被检工件：名称、编号、规格、材质、坡口形式、焊接方法和热处理状况。

3) 检测设备，渗透检测剂名称和牌号。

4）检测规范，检测比例、检测灵敏度校验及试块名称，预清洗方法、渗透剂施加方法、乳化剂施加方法、去除方法、干燥方法、显像剂施加方法、观察方法和后清洗方法，渗透温度、渗透时间、乳化时间、水压及水温、干燥温度和时间、显像时间。

5）渗透显示记录及工件草图（或示意图）。

6）检测结果及质量分级、检测标准名称和验收等级。

7）检测人员和责任人员签字及其技术资格。

8）检测日期。

表 5-11 给出了一种渗透检测报告的格式，以供参考。

表 5-11 渗透检测报告

编号：

委托单位					
工件名称			工件规格		
材质		表面状况		检测方法	
检测部位		环境温度		观察方式	
渗透剂 型 号		清洗剂 型 号		显像剂 型 号	
执行标准					
操作方法 及参数	前处理方法				
	渗透方法及时间				
	乳化方法及时间				
	清洗方法				
	干燥方法				
	显像和观察时间				
序号	缺陷位置	缺陷长度/mm	序号	缺陷位置	缺陷长度/mm
结果					
检测员			日期	年 月	日
审核员			日期	年 月	日

复习思考题

一、填空题

1. 渗透检测法是根据_____现象为原理的。渗透检测法适合检测_____缺陷。
2. 渗透检测法主要包括_____和_____两种。
3. 水洗型湿法显示渗透检测的操作步骤按顺序是：_____→_____→_____→_____→_____→_____→_____→_____。
4. 荧光渗透检测时，检测人员进入暗室工作，应有一个_____时间。
5. 施加在工件表面上与渗透剂混合，并能使其易于用水从工件表面清除的液体称为_____。
6. 渗透检测是在被检焊件上浸涂带有_____或_____的渗透剂，利用渗透作用，显示表面缺陷痕

实验四 评价表

迹的无损检测方法。

7. 荧光检测的灵敏度比着色检测_____一些，因为人眼对黑色背衬下荧光亮点的分辨力_____对白色背衬下其他颜色的分辨力。

8. 煤油因为具有_____特点，故被用来配制渗透剂。

9. 渗透检测中的显像作用是基于_____原理。

二、判断题

1. 渗透检测法包括着色渗透检测和荧光渗透检测。（　）
2. 适用于所有渗透检测方法的一条基本原则是在黑光灯照射下显示才发光。（　）
3. 渗透检测法适用于检测各种表面缺陷。（　）
4. 渗透检测法适用于检查表面开口裂纹类缺陷。（　）
5. 在检测表面细微裂纹时，渗透检测法的可靠性低于射线照相检测法。（　）
6. NB/T 47013.5—2015《承压设备无损检测　第5部分：渗透检测》规定，渗透时间一般不应少于10min，其中包括渗透剂的滴落时间。（　）
7. 渗透剂的黏度与温度成正比，温度越高，黏度值越大，渗透能力随之降低。（　）
8. 荧光渗透检测常使用干粉显像剂，干粉显像剂只吸附在缺陷部位，经过一段时间，缺陷轮廓图形不易散开，仍能显示出清晰的图形。（　）
9. 渗透检测基于液体的毛细管作用（或毛细管现象）和染料在一定条件下的可视视觉现象。（　）
10. 渗透检测过程中，应保证被检部位完全被渗透剂覆盖，并在整个渗透时间内保持润湿状态。（　）
11. 检测铁磁性材料的表面裂纹时，渗透检测法的灵敏度一般要低于磁粉检测法。（　）
12. 在检测表面细微裂纹时，渗透检测法的可靠性低于射线照相检测法。（　）
13. 渗透剂的渗透性能可用渗透剂在毛细管中的上升高度来衡量。（　）
14. 为了强化渗透剂的渗透能力，应努力提高渗透剂的表面张力和降低接触角。（　）
15. 决定渗透剂渗透能力的主要参数是黏度和密度。（　）
16. 液体渗入微小裂纹的原理主要是液体对固体表面的润湿性。（　）
17. 荧光法的灵敏度一般比着色法的灵敏度高。（　）

三、选择题

1. 渗透检测法适用于检测的缺陷是（　　）。
   A. 表面开口裂纹　　B. 近表面缺陷　　C. 内部缺陷　　D. 以上都对

2. 渗透检测法可以发现（　　）缺陷。
   A. 锻件中的残余缩孔　　　　　　B. 钢板中的分层
   C. 齿轮的磨削裂纹　　　　　　　D. 锻钢件中的夹杂物

3. 下面哪条不是渗透检测的优点？（　　）
   A. 适合于小零件批量生产检验　　B. 可探测细小裂纹
   C. 是一种比较简单的检测方法　　D. 在任何温度下都是有效的

4. 渗透检测不能发现（　　）。
   A. 表面密集孔洞　　B. 表面裂纹　　C. 内部孔沿　　D. 表面锻造折叠

5. 渗透检测的缺陷是（　　）。
   A. 不能检测内部缺陷
   B. 检测时受温度限制，温度太高或太低均会影响检测结果
   C. 与其他无损检测方法相比，需要更仔细的表面清理
   D. 以上都是

6. （　　）类型的材料可用渗透法进行检测。

A. 任何非多孔性材料，金属或非金属

B. 任何多孔性材料，金属或非金属

C. 以上均不能

7. 渗透检测能指示工件表面缺陷的（　　）。

A. 深度　　　　　　B. 长度　　　　　　C. 宽度

D. 位置和形状　　　E. B 和 D

8. （　　）不能用通常的渗透检测法进行检验。

A. 未涂釉的多孔性陶瓷　　　　B. 钛合金

C. 高合金钢　　　　　　　　　D. 铸铁

9. 在荧光渗透检测中，热处理裂纹可能表现为（　　）。

A. 一条细而间断的明亮显示　　　B. 一条弯曲的时断时续的线状明亮显示

C. 一条明亮的显示　　　　　　　D. 一条由明亮的小点构成的显示

10. （　　）对浅而宽的缺陷最合适。

A. 水洗型荧光渗透检测　　　　　B. 后乳化型荧光渗透检测

C. 溶剂去除型荧光渗透检测　　　D. 自乳化型荧光渗透检测

11. 着色渗透剂清洗不足会造成（　　）。

A. 背景噪声过大评定显示困难　　B. 施加显像剂困难

C. 腐蚀被检表面　　　　　　　　D. 增加后处理的难度

12. 渗透检测中，显像前的干燥应注意（　　）。

A. 温度越高越好　　　　　　　　B. 在被检表面充分干燥的条件下时间越短越好

C. 时间越长越好　　　　　　　　D. 温度越低越好

13. 缺陷中含有油污会影响（　　）。

A. 渗透剂的表面张力　　　　　　B. 渗透剂与被检表面的接触角

C. 渗透剂的黏度　　　　　　　　D. 渗透剂的所有性能

14. 渗透检测中，能吸出保留在表面开口缺陷中的渗透剂，从而形成缺陷显示的材料称为（　　）。

A. 去除剂　　　　B. 显像剂　　　　C. 乳化剂　　　　D. 干燥剂

15. 渗透检测中，施加在被检表面上的渗透剂应（　　）。

A. 越多越好

B. 在渗透时间内润湿检测表面并保持不干状态

C. 与渗透时间内的润湿状况无关

D. 在渗透时间内检测表面保持不干状态

16. 采用溶剂去除零件表面多余的渗透剂时，溶剂的作用是（　　）。

A. 溶解渗透剂并将其去除　　　　B. 将渗透剂变得可以用水洗掉

C. 溶解兼有乳化剂的作用　　　　D. 产生化学反应

17. 下列哪种渗透检测方法灵敏度最高？（　　）

A. 水洗型荧光渗透检测　　　　　B. 后乳化着色渗透检测

C. 溶剂清洗型着色渗透检测　　　D. 后乳化荧光渗透检测

18. 下面哪种说法适合渗透检测法？（　　）

A. 渗透检测法比涡流检测法灵活性小

B. 对于铁磁性材料的表面缺陷，渗透检测法比磁粉检测法可靠

C. 渗透检测法不能发现疲劳裂纹

D. 对于微小的表面开口缺陷，渗透检测法比射线照相法可靠

四、问答题

1. 什么是渗透检测？它的原理是什么？
2. 渗透检测是如何分类的？各有什么特点？
3. 简述渗透检测的一般工艺过程及工艺特点。
4. 渗透检测痕迹是如何辨认与分级的？
5. 什么是渗透检测剂？简述它的种类与性能要求。

第五章 习题答案

参 考 文 献

[1] 李荣雪. 焊接检验 [M]. 2 版. 北京：机械工业出版社，2007.
[2] 鲍爱莲. 焊接检验 [M]. 哈尔滨：哈尔滨工业大学出版社，2012.
[3] 苏允海，黄宏军，刘长军. 焊接检验及质量管理 [M]. 北京：冶金工业出版社，2018.
[4] 雷毅，何峰. 简明焊接检验手册 [M]. 东营：中国石油大学出版社，2017.
[5] 孟祥锋，刘子建. 焊接检验技术 [M]. 北京：北京邮电大学出版社，2016.
[6] 刘政军. 焊接检验与质量管理 [M]. 北京：中央广播电视大学出版社，2016.
[7] 郭新照. 焊接检验 [M]. 济南：山东科学技术出版社，2017.
[8] 魏延宏. 焊接检验 [M]. 北京：高等教育出版社，2010.
[9] 王洪光. 焊接检验 [M]. 北京：机械工业出版社，2011.
[10] 陈军. 无损检测技术在焊接检验中的应用 [J]. 内燃机与配件，2019 (5)：151 – 152.